本质安全型煤矿建设理论与实践

Theory and Practice of Intrinsic Safety Coal Mine Construction

孙玉峰 孙久政 著

Theory and Practice of Intrinsic Safety Coal Mine Construction

经济管理出版社
ECONOMY & MANAGEMENT PUBLISHING HOUSE

图书在版编目（CIP）数据

本质安全型煤矿建设理论与实践/孙玉峰，孙久政著. —北京：经济管理出版社，2012.6

ISBN 978-7-5096-1936-0

Ⅰ. ①本… Ⅱ. ①孙… ②孙… Ⅲ. ①煤矿—矿山安全—安全管理—研究—中国 Ⅳ. ①TD7

中国版本图书馆 CIP 数据核字（2012）第 101336 号

出版发行：经济管理出版社

北京市海淀区北蜂窝 8 号中雅大厦 11 层

电话:(010)51915602　　邮编:100038

印刷：北京银祥印刷厂　　经销：新华书店

组稿编辑：申桂萍　　责任编辑：申桂萍　杨照光

责任印制：黄　铄　　责任校对：超　凡

720mm×1000mm/16　　13 印张　　239 千字

2012 年 6 月第 1 版　　2012 年 6 月第 1 次印刷

定价：45.00 元

书号：ISBN 978-7-5096-1936-0

◎矿长：孙久政

◎党委书记：张首勋

◎共同愿景

◎领导班子成员

◎高校科研人员
指导安全工作

◎技术人员研究
安全工作

◎安全宣传

◎安全宣传

◎安全宣传

◎安全生产大会

◎本质安全型设备

◎本质安全型设备

◎本质安全型设备

◎技术人员在井下研究安全问题

◎办公大楼

◎安全培训中心

◎矿领导关心职工生活

◎矿领导关心职工生活

◎职工食堂

◎职工食堂

前 言

本质安全（Intrinsic Safety）从20世纪90年代开始逐渐成为安全管理研究的一个热点问题，它是一种全新的安全理念，将会从根本上改变人类在事故处理和预防上的被动局面。

根据目前的本质安全研究现状，本质安全有狭义与广义之分。狭义上的本质安全，是指实现了人的本质安全、物（设备系统）的本质安全等。对于煤矿企业而言，本质安全型矿井是通过追求人、机和环境的安全和谐统一，最终实现管理无漏洞、设备无故障、系统无缺陷、人员无“三违”、安全无事故的恒久性安全目标。广义上的本质安全，是指将人、物、环境、管理等诸多要素的本质安全有机地融合起来组成的集合体，是企业安全生产管理工作的综合反映，是生产过程中诸多要素的最佳集合。

本质安全型企业，是运用先进的安全管理理念、科学的管理模式以及先进的科学技术，使内部的人、物、系统、制度达到安全和谐统一，从而将各类事故降到最低，最终实现企业零事故的本质安全。本质安全型矿井指不存在重大安全隐患或对重大安全隐患采取了有效控制措施，形成了安全管理体系，能够依靠内部系统和组织保证长效安全生产的矿井。

2006年，我国设立了第一个煤矿本质安全管理系统研究课题，由中国神华能源股份公司副总裁郝贵担任课题组组长、中国矿业大学副校长宋学锋任课题组副组长，以此为契机，拉开了我国煤矿本质安全管理研究与实践的序幕。

2006 年 8 月，国家煤矿安全监察局在兰州召开全国本质安全型示范矿井创建工作座谈会。会上，中国矿业大学副校长、煤矿本质安全管理系统研究课题工作组副组长宋学锋就课题研究目标与内容、目前已完成的阶段成果、后期研究计划以及目前研究存在的问题及建议进行了汇报。靖远煤业有限责任公司、中国神华能源股份有限公司、潞安矿业（集团）有限责任公司、枣庄矿业（集团）有限责任公司、开滦（集团）有限责任公司、平顶山煤业（集团）有限责任公司、徐州矿务集团有限公司、淮北矿业（集团）有限责任公司、新汶矿业集团有限公司鄂庄煤矿、靖远煤矿等本质安全管理模式研究及本质安全矿井建设项目 10 家单位在会上做了交流发言。

2007 年 8 月，全国煤矿本质安全管理体系扩大试点推进会在内蒙古鄂尔多斯神华能源股份有限公司神东分公司上湾煤矿召开。此次会议通过首批本质安全管理体系试点单位情况介绍，座谈并推广《煤矿本质安全管理体系》，扩大试点范围，并对下一步本质安全型煤矿创建工作提出要求。

由此可见，我国关于煤矿本质安全管理的研究与实践还处于初始阶段，相关的理论研究与实践成果对于推进我国煤矿本质安全管理，促进煤矿实现安全生产的目标，具有重要和深远的意义。

近年来，一些煤矿特别是国有重点煤矿在建设本质安全型矿井方面进行了积极的探索和有益的尝试，总结了一些良好的经验，取得了比较理想的效果。煤矿企业在安全管理方面都各具特色，在安全管理上也具有许多独到之处。它们都有一个共同的特点，就是瞄准国际先进水平，坚持高起点、高技术、高质量，构建本质安全管理体系，建设本质安全型矿井。实践证明，围绕建设本质安全型煤矿所提出的新的管理理念、手段和措施是行之有效的，对促进煤矿安全生产起到了十分重要的作用。

国有重点煤矿是我国煤炭工业的骨干，代表着中国煤炭工业的先进水平，在全国以煤为主的能源发展战略中占有十分重要的地位，其安全状况也直接影响到煤矿安全的全局。2006年，国家安全生产监督管理总局、国家煤矿安全监察局等七部委局联合下发的《关于加强国有重点煤矿安全基础管理的指导意见》明确要求，加强矿井安全质量标准化工作，逐步建设本质安全型矿井。国家煤矿安全监察局也下发了通知，要求在全国范围内开展本质安全型示范矿井创建活动。

黑龙江龙煤矿业集团股份有限公司双鸭山分公司东荣二矿，自1995年12月投产以来，一直以创建具有二矿特色的“行业级安全高效矿井”为目标，树立高境界，坚持高起点，艰苦奋斗，开拓创新，锐意进取，全面组织实施“科技兴矿”战略，配备了国内先进的原煤生产技术装备，采用综采技术，使煤炭生产走上了大型化、集约化的发展路子。矿井原煤生产能力和综合效益迅速提高，年平均产量以14%的比例大幅度攀升。自2003年以来连续三年被中国煤炭工业协会评为行业级高产高效矿井，并先后获得“国有重点煤矿安全质量标准化明星矿”、“全国煤炭工业百强矿井”、“全省双十佳明星矿”、“全国依法生产先进矿”、“全国煤炭工业双十佳煤矿”、“中国煤炭工业科技创新示范煤矿”等荣誉称号。安全质量工作方面：实现百万吨零死亡率的良好水平，质量标准在集团公司系统评比中始终名列前茅。这些成绩的取得与东荣二矿紧紧围绕贯彻落实国家《关于加强国有重点煤矿安全基础管理的指导意见》的精神，积极构建本质安全管理体系，建设本质安全型矿井密不可分。目前，东荣二矿在建设本质安全型煤矿的实践中取得了突破性的进展，初步建立了现代化的、安全高效的本质安全型煤矿。

本书由孙玉峰教授和孙久政矿长策划完成。参加本书撰稿的人员是：山东工商学院管理科学与工程省级重点建设学科的学术骨干孙玉峰、陈章良、黄立波、高德华，黑龙江龙煤矿业集团股份有限公司双鸭山分公司东荣二矿原矿长孙久政，山东工商学院管理科学专业本科在校学生姚茜、李贺。全书由孙玉峰负责统一修改定稿。

由于我们学识水平、知识结构有限，实践能力不足，书中不当和疏漏之处敬请广大读者批评、指正。

作　者

2012年6月

目 录

第一章　中国煤炭企业发展状况

第一节　煤炭及煤炭企业

煤炭是世界上储量最丰富的化石燃料，中国是世界上煤炭产量最多、增长速度最快的国家。我国 1949 年生产煤炭 3243 万吨，1950 年 4292 万吨，1960 年达到 3.97 亿吨，1970 年 3.54 亿吨，1980 年 6.20 亿吨，1990 年突破 10 亿吨，1995 年达到 13.61 亿吨，1996 年增加到 13.96 亿吨，创历史最高年产量纪录，占世界总产煤量 46.07 亿吨的 30%。1997 年，由于东南亚金融危机和经济结构调整的影响，煤炭产量下降到 13.73 亿吨。中国煤炭产量地区分布很不均衡。1997 年超过 5000 万吨的有 9 个省区。其中，山西居第一，达 33840 万吨，约占全国总产量的 1/4；以下依次为：河南（10520 万吨）、山东（9090 万吨）、黑龙江（8520 万吨）、内蒙古（8300 万吨）、河北（7880 万吨）、贵州（6600 万吨）、四川（6220 万吨）、辽宁（5880 万吨）。年产煤量接近 5000 万吨的有两个省，其中陕西为 4950 万吨，安徽为 4900 万吨。这 11 个省区的产量共计 10.67 亿吨，占全国产量的 77.7%，其他 17 个省区的产量只有 3.058 亿吨，占 22.3%。

我国煤炭资源分布特点是，煤炭资源与地区的经济发达程度呈逆向分布。我国各省、市、自治区，除上海和香港、澳门特别行政区外，都有煤炭产出，但分布不均，煤炭资源在地理分布上的总格局是西多东少、北富南贫。而且主要集中分布在目前经济还不发达的山西、内蒙古、陕西、新疆、贵州、宁夏 6 省（自治区），它们的煤炭资源总量为 4.19 万亿吨，占全国煤炭资源总量的 82.8%；截至 1996 年末煤炭保有储量为 8229 亿吨，占全国煤炭保有储量的 82.1%，而且煤类齐全，煤质普遍较好。我国经济最发达，工业产值最高，对外贸易最活跃，需要能源最多，耗用煤量最大的京、津、冀、辽、鲁、苏、沪、浙、闽、台、粤、琼、港、桂14个省（市、区）煤炭资源量仅有0.27万亿吨，仅占全国煤炭资源总量的5.3%，截至1996年末，煤炭保有储量只有548亿吨，仅占全国煤炭保有储量的5.5%，资源十分贫乏。其中，我国最繁华的现代化都市——上海所辖范围内，至今未发现有煤炭资源赋存；开放程度较高的广东省，截至1996年末，煤炭保有储量只有6亿吨，天津市只有4亿吨，浙江省只有1亿吨，海南省不足1亿吨。这些地区不仅资源很少，而且大多数还是开采条件复杂、质量较次的无烟煤或褐煤，不但开发成本大，而且煤炭的综合利用价值不高。另外，我国煤炭资源赋存丰度与地区经济发达程度也呈逆向分布的特点，煤炭基地远离了煤炭消费市场，煤炭资源中心远离了煤炭消费中心，从而加剧了远距离输送煤炭的压力，带来了一系列问题和困难。从目前我国的主要煤炭生产基地——山西大同到东部和南部的用煤中心沈阳、上海、广州、北京、天津等地，分别为1270、1890、2740和430公里。

我国煤炭行业的生存与发展是与煤矿相联系的。长期以来，煤炭被人们广泛利用的同时，也成为了最普通的能源，成为了我国国民经济发展的资源基础，在我国一次能源的生产和消费构成中均占2/3以上。据数据统计，我国在一次能源消费总量中的构成比重是：在20世纪50年代为90%以上，在20世纪80年代以来一直保持在70%以上。煤炭资源关系着我国国民经济的发展，也关系着我国煤炭企业的发展。井陉矿务局于1898年开始开采，至今已有100多年的历史，其间五、四、三、二、一矿相继关闭；目前仅有两座新建矿井临城矿、元氏矿，矿井实际年产量30万吨左右，由于其煤炭自然赋存条件较差，造成矿井开采成本高、产量较低、规模效益较差。近几年来，全国煤炭企业的发展取得了很大成就，市场行情、经济效益、职工收入等方面均达到了最好水平。但国有煤炭企业的发展基础并不牢固，体制性、机制性、结构性层次矛盾尤为突出，部分煤企管理体制不顺，经营机制不活，技术创新能力不强，经济结构不合理，还不能完全适应市场的变化，安全生产达不到预期水平。因此，今后一个时期内，煤炭企业面临着更大的挑战。煤炭既是当前和今后相当长的一个时期内发展我国国民经济所需燃料的主要组成部分，又是许多工业产品的重要原料。随着经济高速发展，用煤量日益增大，加之煤炭生产重心西移，运距还要加长，压力还会增大。就企业而言，企业的核心目标是追求利润的最大化，它所关心的是以最小的成本来获得最大的收益，千方百计减少企业的生产成本是企业的理性选择。劳动力作为可变资本的一部分是企业生产成本的一个重要组成部分，在其他投入与技术水平一定的情况下，减少在劳动力上的投入从而降低成本是一个可行的办法，煤矿开采是一个人与自然作斗争的过程，在这一过程中常常要面对不可预测和复杂的自然力，比如瓦斯爆炸、透水、煤尘等问题，这些问题与煤矿工人的生命安全、身体健康密切相关，解决好这些问题，阻止这些灾害和事故的发生，需要大量的设备投入以及知识投入，这些投入归结为一点即为巨额的资金投入，这无疑会使企业的成本大大增加，安全投入甚至成为一些小煤矿企业的主要成本。相对来说，所获利润必然大幅下降甚至导致亏本，在以利润最大化为行为导向的情况下，不惜成本，千方百计保证安全投入，确保工人安全绝不会成为煤矿企业的首要选择，它的“合理”选择在于减少安全投入甚至不进行安全投入从而减少成本来获得利润最大化，在这个能源紧缺、煤炭价格不断攀升的时代，企业这种出于经济人本性的“理性”选择，对煤矿工人的生命安全、身心健康造成了巨大的危害。因此，我国煤炭企业一直以来矿难频发的安全形势不容乐观，就连陕西省作为一个煤炭生产大省也是如此，对构建和谐社会造成了不良影响。

纵观全球，能源战略和政策目标包括安全、效率、环保三大基本目标。目前，各国的能源政策仍然是以社会提供足够的能源和确保能源供应为其最基本的出发点。安全有两层含义：一是供应保障安全；二是开发、运输、使用技术安全。就我国而言，能源多元化是保障能源安全和煤炭安全生产的必由之路。但在今后一个相当长的时期内，我国煤炭的主导地位是不会改变的，所以煤炭的安全开发、运输、技术使用问题应该引起我们的高度重视。显然，这就对中国煤炭及煤炭企业提出了新的发展课题。改革开放以来，我国煤炭行业取得了长足发展，煤炭产量持续增长，生产技术水平逐步提高，煤矿安全生产条件有所改善，对国民经济和社会发展发挥了重要的作用。煤炭行业既是资源型行业，又是高危产业。我国96%的煤矿属于井工生产、地下作业，矿井开采深度大，水、火、煤尘、瓦斯、顶板和冲击地压等灾害俱全，煤矿管理和安全生产难度大。煤炭行业发展过程中还存在结构不合理、增长方式粗放、科技水平低、安全事故多发、资源浪费严重、环境治理滞后、历史遗留问题较多等突出问题。随着国民经济的发展，煤炭需求总量不断增加，资源、环境和安全压力进一步加大。面对我国煤炭及煤炭企业现存的巨大压力，我们应该从本质上找出一些方法来解决当前煤炭企业面临的窘境。

第二节　中国煤炭企业发展概述

中国是一个发展较快的发展中国家，对能源的需求随着经济的迅速发展而增加，但从整个能源消费结构来看，煤炭的消费仍占到了72.9%的市场份额，这与我国资源状况是相符的。改革开放以来，我国煤炭产量猛增，结束了煤炭长期供不应求的历史，几十年来，我国煤炭企业为保障国民经济发展和群众生活做出了重要贡献。在建立社会主义市场经济过程中，整个煤炭行业出现了亏损，我国煤炭企业的生产经营和职工生活也遇到了很大困难。回顾历史，我国煤炭产量的大量增长，主要依靠的是煤矿数量的增加，利益驱动。国有煤矿企业、地方煤矿企业、乡镇煤矿企业的迅猛发展起到了不可低估的作用。但由于缺乏有效的宏观调控及安全管理措施，近些年来煤炭行业造成了严重的环境污染，重大安全事故频发，以至于影响到社会发展。

过去很长时间，我国煤炭生产一直处于“多、小、散、乱”的局面，生产方式粗放落后。随着国家对煤炭安全日益重视，对煤炭企业的整顿力度不断加大。2005年全国因安全生产问题关闭的小煤矿合计5243个，占全国煤矿总量的24%，关闭数量超过了市场预期。截至2007年底，全国共打击取缔非法产煤、非法采煤窝点1.7万处次；共关闭小煤矿11155处，约占2005年初全国小煤矿数量的45%。总的来看，我国煤炭企业具有以下几个显著特点：

一、煤炭企业分布比较分散，规模效益较差

我国现有煤炭企业布局分散，其中山西省占全国的23.13%，河南省占10.35%，四川省占9.27%，湖南省占8.75%，内蒙古占5.49%，贵州省占5.18%，陕西省占5.07%，河北省占2.61%，辽宁省占2.94%，黑龙江省占2.32%，福建省占2.48%，江西省占3.09%，山东省占4.7%，重庆市占3.38%，云南省占2.01%。其他省市还有少量、零星分布。可以看出，我国煤炭企业经营体系和经营效益受外部条件制约严重，我国现有大大小小各类煤炭企业3万多家，平均每家企业市场占有率不足0.01%，市场集中度太低。2002年，全国最大的4家煤炭企业市场集中度不到10%，最大的8家企业市场集中度不足

15%，与世界主要产煤国家相比差距较大。2002 年，我国煤炭企业有 22 万家，年均产煤 6.3 万吨，企业数量过多、过散，大型企业集团生产经营规模不足，起不到应有的带动优势和稳定市场的作用。据相关数据显示，我国乡镇煤矿最多时曾达到 8.5 万个，经过关闭整顿，现在仍有 2.5 万个，产煤 4 亿多吨，平均每个小煤矿产煤 1.6 万吨，总产量占全国煤炭产量的 30%左右，比例仍然偏高，如果将所有国有重点煤矿的产量进行汇总，并计算煤炭行业集中度，总体上看，集中度仍然偏低。1957 年到 2002 年，煤炭行业集中度最高为 73%，最低为 39%，平均在 50%上下波动。

二、煤炭企业面临资源枯竭

我国煤炭企业都普遍存在着产品结构单一和产业链条短的问题，由于历史原因它们还承担着很多社会性责任，其结果总是与资源性城市问题紧密地交织在一起。表 1–1 是我国煤炭平衡表，包括消费生产及进出口数据，2002 年以来，我国煤炭生产量以每年 12%的高速率增长，到 2009 年产量增加到 30.5 亿吨。根据美国能源部资料，中国煤炭可采储量（Total Recoverable Reserves）为 1300 亿吨，世界总量为 9290 亿吨。中国近年来煤炭生产增长迅速，2002 年生产 13.8 亿吨，2009 年生产 30.5 亿吨。以这个增长速度（每年增加 12%），只需要 15 年，到 2024 年将采光所有可采煤炭。即使我们增加到日本人均能源消耗水平，也就是在现有基础上增加一倍后不再增加（这里还要求其他一次能源同步增加一倍），到 2031 年也将用光所有可采煤炭。即使我们不再增加煤炭消耗，保持现有年开采量 30 亿吨的水平，现有煤炭可采储量也只能维持到 2042 年。

表 1–1 我国煤炭平衡表

单位：万吨

项目	1990 年	1995 年	2000 年	2002 年	2005 年	2006 年	2007 年	2008 年	2009 年
可供量	102221	133462	128297	—	214462	235781	251377	—	—
生产量	107988	136073	129921	138000	220473	237300	252597	279300	305000
进口量	200.3	163.5	217.88	—	3617.1	3810.5	5101.6	—	—
出口量	1729	2861.7	5506.5	—	7172.4	6327.3	5318.7	—	—
库存变化	–4239	86.8	3664.7	—	–1455	997.87	–1004	—	—
消费量	105523	137677	132000	—	216722	239216	258641	274000	302000

资料来源：国家统计局公布，2008 年统计年鉴和 2008 及 2009 年统计公报。

因此，如何避免资源枯竭带来的企业生命和城市生命的终结，将是我国资源性能源企业在战略选择时应特别重视的问题。

三、煤炭资源开发过度，煤炭企业问题和矛盾日益突出

在大力发展乡镇企业的背景下，国家对煤炭行业的发展采取了扶持和鼓励政策，各类煤矿犹如雨后春笋一样蓬勃开展起来。以前，各省市也一直热衷于煤炭的开采，集体经济性质的煤矿在各省市几乎都存在。可以想象在当时那种情况下企业的生产状况会是什么样子，安全工作又是什么状况。但在当时这些都不是人们关心的问题。以至于造成了现在私挖滥采的严重现象，极大地破坏了自然资源和生态环境。还有许多煤炭企业从投产之初就背负着沉重的债务，加上以前重生产轻管理的企业管理模式，大多数企业到改制时已是负债累累，最终给国家和社会造成巨大的经济损失。

四、煤炭企业竞争力不强

和一些发展中国家的煤炭企业相比，我国在机械化程度、劳动生产率等方面都有较大的差距，以我国的国有重点煤炭企业同澳大利亚的煤炭企业相比，我国的采煤机械化程度仅为澳大利亚的73.4%，采煤综合机械化程度仅为澳大利亚的48.4%，生产率仅为澳大利亚的2.25%，而百万吨煤的死亡率却是澳大利亚的54.3倍。以我国的总体煤炭企业同澳大利亚的煤炭企业作比较，我国的采煤机械化程度仅为澳大利亚的40%，生产率仅为澳大利亚的1.71%，而百万吨煤的死亡率却是澳大利亚的217.2倍。从我国每年的煤炭出口量以及比较国内外煤炭的价格发现，我国的煤炭企业具有一定的国际竞争力，但通过经济指标和技术指标的对比，可以清楚地看到，这种国际竞争力是建立在劳动生产率、劳动力成本和安全生产投入水平都很低的基础上的。

近几年，得益于国家经济高速发展的影响和拉动，我国煤炭行业进入了快速、全新发展的黄金时期。我国煤炭企业的发展也出现了许多值得关注的新亮点、新形势，并将成为煤炭企业今后发展的大趋势。研究、了解和把握这些新趋势，对于煤炭企业在改革发展中准确定位、与时俱进、顺势发展具有重要的现实意义。我国煤炭企业的发展主要表现在大集团的重组。近几年，在党中央加快培育煤炭大集团决策的推动下，各主要产煤省区纷纷行动，神华集团通过

快速扩张重组，煤炭产量在全国第一个突破年产亿吨大关，达到 1.4968 亿吨；山西省已成功组建了山西焦煤集团、大同煤矿集团；宁夏将全自治区四家煤炭企业整合重组成立了宁夏煤业集团，现今又被神华集团收购兼并；河南省从整合资源入手，分三大步整合重组全省煤炭企业；黑龙江省采取剥离式重组方式，将四家国有重点煤炭企业重组为龙煤矿业；河北省将邢台、邯郸、井陉三个集团加张家口矿区重组为河北金能集团；山东省、陕西省、江西省、湖南省、四川省和重庆市等地也加快组建煤炭大集团。这种重组煤炭大集团的趋势还在继续，不久，中国将涌现一批年产过亿吨和年产 5000 万吨左右的大型煤炭集团，中国煤炭市场竞争主体将逐步形成大型化、集中化和高质化的新局面。除同行业重组外，部分煤炭企业也已开始与钢铁企业、相关产业企业及国外企业进行联合重组。

煤炭企业尤其是大型煤炭企业，例如神华集团、兖矿集团、大同煤矿集团等，越来越重视企业发展战略。可以说，在 2000 年之前，大多数煤炭企业没有发展战略，只有个别大企业制定了带有一定战略内容的“发展规划”，企业大都习惯于按国家计划编制企业生产经营计划。近些年各煤炭企业纷纷重视研究企业战略、编制发展规划，现在规模以上煤炭企业都有了自己的发展战略。可以看出，煤炭企业已经开始自觉地把自己作为市场竞争主体，积极寻求发展。

生产高效化、建设绿色化将是煤炭企业未来的发展趋势。根据国内外市场竞争的需要，煤矿的生产模式将转为生产高效化，就是追求高产高效，特别在一些居领航地位的煤炭企业，高产高效更是其大力发展的目标。如神华集团、兖矿集团、大同煤矿集团等，一个矿井年产量就突破 1000 万吨，井工综采工作面单产由 200 万吨上升为 600 万吨，个别工作面单产已接近 1000 万吨水平。同时，劳动效率由每工几吨上升为每工十几吨、几十吨，个别矿井达到每工 100 多吨，生产的高效率，促进了煤矿生产成本的大幅度降低，极大地提高了煤炭产品的市场竞争优势。

过去煤矿企业重生产建设，轻环境治理，致使采空区塌陷，大量矸石、废气、废水等严重污染矿区生态环境，不仅煤矿职工家属身受其害，也严重危害了矿区周围居民的生活。现在，国家对环境治理的政策法规日渐完善，煤炭企业环境治理的投入逐渐加大，煤矿建设绿色化势在必行，追求煤矿建设绿色化，造福于社会，造福于后代已成为发展主流。这也是国家经济、社会发展中对煤矿区建设的必然要求。

目前，矿区和谐化、本质安全化也是煤炭企业发展的另一方向。由于煤矿是事故高发行业，加之近几年煤矿重大伤亡事故的接连发生，引起党中央、国务院的高度重视和社会的广泛关注。形势所迫，这几年煤炭企业逐渐明确了建设本质安全型煤矿，对人、机、环境和管理等要素进行优化匹配，力求实现人员无失误、系统无缺陷、设备无故障、管理无漏洞的目标，从而建立本质安全化矿井。

第三节　煤炭企业存在的问题

我国正处在工业化快速发展阶段，国民经济发展对能源的需求不断增加。2003 年，煤炭产量达到 17.3 亿吨，2004 年达到 19.6 亿吨，2009 年达到 29.2 亿吨。煤炭需求呈增长趋势，社会生产各部门对煤炭提高产能的期望值不断提高。具体如表 1–2 所示。

表 1–2　我国 2003~2009 年煤炭产能和产量表

单位：亿吨

年份	2003	2004	2005	2006	2007	2008	2009
煤炭产能	18.7	17.4	20.2	22.6	25.8	28.1	30.3
煤炭产量	17.3	19.6	21.1	23.3	25.2	27.2	29.2
增速	50.2%	13.2%	8.05%	10.1%	8.5%	7.6%	7.75%

今后 20 年，煤炭需求将大幅度增加已成为一个不争的事实。煤炭需求的快速增加为煤炭行业发展带来了机遇，同时也带来了挑战。煤炭行业的发展存在许多障碍。近几年来，国有煤炭企业的发展基础并不牢固，体制性、机制性、结构性层次矛盾尤为突出，部分煤炭企业管理体制不顺，经营机制不活，技术创新能力不强，经济结构不合理，还不能完全适应市场的变化，特别是现代企业制度还未进一步建立和完善。总的来说，煤炭企业存在的主要问题可从安全生产、安全投入、资源利用、生产管理、成本管理、财务管理、人力资源管理、信息化建设等几方面体现。

一、安全投入

（一）不重视安全生产，影响安全投入

其原因主要有以下几个方面：一是违法组织生产现象普遍存在。许多煤矿主为追求高额利润，抗拒执法，铤而走险，无证或证照不全违法组织生产，超层越界开采。二是企业安全生产主体责任不落实。一些煤矿企业忽视安全管理，以包代管；一些乡镇煤矿随意变动安全管理机构，负责人员均无任命文件，主要管理人员长期不下井；一些国有煤矿企业主要负责人重生产、轻安全，迫于生产指标的压力，矿井负责人盲目追求产量和利润；一些国有重点煤矿干部责任心不强，作风不正，不严格执行领导干部下井带班制度，各种责任制和规章制度没有真正落实。三是企业的技术管理不过关。煤炭企业人才严重缺乏。有的煤矿不绘制采掘工程平面图和通风系统图，不编制采掘作业计划和作业规程，采区和采掘工作面无设计，有的煤矿不按设计施工作业；忽视生产技术管理，采掘布置不合理，采掘失调严重；一些突出矿井、水害严重的矿井和煤尘具有爆炸危险性的矿井，采取的综合防突、防治水和防尘措施缺乏针对性。四是超能力、超强度开采。随着国家加大对小煤矿的整治力度，煤炭价格持续不断上涨，煤炭生产的利润空间也不断加大，企业经营者急功近利，短期行为严重，追求短期经济效益最大化，削减了安全机构，减少了安全投入；在经济利益的驱动下，不惜拼人力，无设计或不按设计施工作业，在局部区域内布置很多采掘工作面，导致井下一个班作业人员大量集中，导致事故扩大，伤亡惨重。

（二）安全投入的结构不合理

我国煤矿安全投入资金结构比较单一，基本上是以企业投入为主，国家投入为辅。然而，安全投入资金的85%投向工程和设备，而安全文化、安全教育、安全科技等方面投入却甚少。合理的资金投入是非常重要的，我们应该加大安全装备的投入，把真正的现代化大型安全设备运用到实际工作中；在科技创新和引进先进技术上，要加大力度投入。科技是第一生产力，在一个企业，科技开发力直接关系着企业的生存与发展壮大。人才奖励上要加大力度投入，人才是一个企业的资本，对待人才，要引得进、留得住、用得好、重培养、高待遇，同时为人才的成长创造良好的环境，为优秀人才发挥专长、施展才华搭建平台，

以有力的组织保障和人才保障加速企业发展。

（三）缺乏安全投资观念，导致安全投入低

一直以来，企业为了追求更大利益，都认为安全投入只是增加成本，没有认识到其投入的效益。因此，许多企业都尽量减少安全开支，最终导致事故处理不到位，从而耗费更多的资金。和发达国家相比，我国煤炭企业处理生产事故的成本要远远低于发达国家，出了事故后企业所受的经济损失远远低于进行优化安全生产环境、避免事故发生所需的经济投入，企业经营者从企业自身的经济利益出发，即使有可能发生事故，也不愿增加安全设施的投入。另外，我国对事故的惩罚成本低，使企业经营者认为进行安全生产投入不合算，不愿花大力气进行安全投入。

（四）没有科学有效的安全投入理论支持

安全投入与其他投入一样，也会为企业带来无形收益与长远收益，产生经济效益和社会效益。尽管《安全生产法》、《安全生产许可条例》等都提出了企业要进行必要的安全投入来保障生产的顺利进行和职工的安全健康。但企业主对应该投入多少没有明确的认识，无安全理论的支持，结果就助长了整个行业安全投入不足、安全投入不合理的现象。

二、安全生产

（一）高科技人才匮乏，流失相对严重，职工平均文化素质不高

人才已经成为各大行业的主要竞争对象，特别是科技人才是否合理利用，直接影响着企业的安全发展。目前国有煤矿中，大专以上程度的技术人员仅占职工总数的3%左右，而发达国家为60%以上。美国20世纪70年代前后的事故调查报告显示，85%的事故是因为工作人员的“不安全行为”所致。可见，职工素质在煤炭生产安全中的重要性。据统计，2002年原国有重点煤矿在岗职工月平均收入1142元，比全国平均水平1427元还低，部分国有煤矿企业年人均收入低于6000元。2004年4月，国有重点煤矿累计拖欠在岗职工工资29亿多元，拖欠下岗职工生活费1亿多元。目前国有煤矿职工人均住房面积只有8平方米左右，仅相当于2002年全国城镇人均居住面积22.8平方米的35%，如此

的待遇怎么能留得住人才，尤其是高层次人才呢？

（二）生产安全保障条件与经济高速发展不相适应

生产领域本质安全条件差，生产工艺安全性能低下，安全设施和装置标准低，安全检测和监控技术水平低。国民安全文化素质低，政府官员安全认识不到位，企业经营者安全意识差，从事安全工作的专业人员素质与生产安全业务要求不符，从业人员安全知识及技能水平低等。这就要求政府官员、企业经营者、企业员工、社会大众的安全意识、安全知识和安全技能都有待提高。当前安全科学技术的作用远未得到发挥，安全科学技术在科学理论、科学研究、技术推广、经费投入、政策支持、产业发展等方面的实际运用情况都不能满足生产对安全的需要。

（三）安全监察难，安全的执法、监督、监察、管理手段有待加强

煤矿安全监察执法人员更新速度慢，监察人员大部分来自于该地区的煤矿或煤炭管理部门，监察人员业务水平不高，监察人员缺少法律知识和专业技术知识的全面培训。由于地方保护主义的影响，煤炭安全监察结果普遍存在落实难的问题。

三、资源利用

（一）矿井资源的有限性是企业发展的一个障碍

煤炭企业是资源型产业，以开采地下资源为主导产品，然而由于煤炭资源的不可再生性，煤炭企业随着生产的发展必将步入资源枯竭、无煤可采的地步。随着国民经济的快速发展，煤炭作为我国主导能源，需求量不断加大，许多矿井为了追求经济利润，不断进行扩产、超产等违规开采，加剧了本地矿产资源的枯竭，造成了矿井生产发展的不平衡。

（二）煤矿开采利用造成严重的环境破坏

采矿需要占用和破坏大量耕地和建设用地。在占用大量土地的同时，由于采矿影响导致地面塌陷沉降、地表裂缝，加剧了不安全因素，也造成了严重的环境破坏。采矿造成水土流失，矿区水均衡遭受破坏，产生各种水环境问题。

另外，采矿过程中排放大量的矸石、矿井水等副产品，一旦处理不当，将引发严重的环境问题。

（三）煤炭企业产品结构单一

煤炭企业产品大多以资源型、原材料型、低档次、粗加工为主，高技术、深加工和高附加值产品较少，产品结构单一，未能有效延长产业链，企业抵御市场风险的能力较弱。

四、生产管理

（一）安全事故多

2004 年全国煤矿共发生伤亡事故 1797 起，死亡 2668 人，百万吨死亡率 3.10；2005 年全国煤矿共发生死亡事故 3341 起，死亡 5986 人，百万吨死亡率 2.84；2006 年全国煤矿事故死亡人数为 4746 人，百万吨死亡率 2.04。频繁的安全事故导致了严重的人员伤亡，不仅给企业自身带来了沉重的压力，也给社会造成了严重的后果。

（二）资源浪费

多数煤炭企业受利益的驱动，盲目扩大生产能力，实际生产能力大大超过设计生产能力，开采过程中一些开采难度较大的边角煤往往被舍弃，造成严重浪费。采煤方法落后，煤层不能完全开采，矿井的采出率很低，也形成了严重的资源浪费现象。

（三）环境污染

煤矿开采过程中会出现一系列的环境问题，主要表现在：水体污染、空气污染、煤矸石占用土地、地面塌陷、地面下沉等危害。采煤过程中产生的废水，其典型特征是重金属含量极高，如钛、钴、镍等，还含有数量不同的油类物，水中还会以悬浮形式带出大量含碳煤粒，造成河流无脊椎动物群和鱼类灭绝。空气污染，主要是煤尘、硫氧化物、碳化合物、氮氧化物等，这些废气是空气的主要污染源之一，其含有大量的二氧化硫、硫化氢、一氧化碳等多种有害气体及来自矿石中的多种有害元素。废气引起的酸雨，使我国每年粮食减收 10%，相当于1.5亿人每年的口粮。酸雨还对铁路、桥梁等露天设施造成腐蚀与破坏。对地表植物的影响主要表现在采矿区的塌陷、河流湖泊的枯竭、矿山废物对土地的侵占以及水土流失。这些污染与保护环境、可持续发展相违背，严重影响了人类的生活质量。

五、成本管理

（一）企业对成本管理的实质认识不到位

目前，大多数煤炭企业成本管理的目标仍只限于降低成本，以强调控制，降低消耗，节约费用作为降低成本的主要手段。然而，从现代成本管理的角度看，成本降低不是无限度的，是有条件和有限度的，在某些情况下，控制成本费用，可能因正常投入不足为井下生产安全埋下隐患。因此，适当的成本投入才是一种有效的成本管理。

（二）缺乏市场意识

煤炭企业不顾市场需求，一味地追求煤炭产量，用大量降低吨煤分担的固定成本的方法来降低单位成本，通过存货积压，将生产过程发生的成本转移或隐藏于存货中，提高短期利润。造成这种现象的原因在于企业成本管理与市场营销脱节，导致成本信息在管理决策上出现误区。

（三）企业成本约束激励机制不健全

许多煤炭企业缺少强有力的考评及奖惩机制，不能激发管理者及员工的积极性，使成本目标得不到很好的控制。

（四）成本管理不平衡

纵观成本管理模式可发现，传统成本管理系统模式僵化，管理精细度不够，从而使成本管理陷于为降低成本而降低成本的恶性循环中，一些煤炭企业注意了企业生产过程中的成本管理，而忽视了供应和销售过程的成本管理。传统的成本管理模式不能及时为管理者决策提供所需的正确信息和各个环节的成本信息，不能深入反映经营过程。在成本管理中，许多企业的成本管理薄弱，成本预测、成本决策缺乏规范性和制度性。

六、财务管理

（一）管理模式僵化，管理观念陈旧

煤炭企业典型的管理模式是所有权与经营权的高度统一，企业的投资者同时也是经营者，这种模式势必给企业的财务管理带来负面影响。煤炭企业中相当一部分属于个体、私营性质，在这些企业中，企业领导者集权现象严重，并且对于财务管理的科学方法缺乏应有的认识和研究，致使其职责不分，越权行事，造成财务管理混乱，财务监控不严，会计信息失真等。企业没有或无法建立内部审计部门，即使有也很难保证内部审计的独立性。另外，企业管理者的管理能力和管理素质差，管理思想落后。有些企业管理者基于自身的原因，没有将财务管理纳入企业管理的有效机制中，缺乏现代财务管理观念，使财务管理失去了它在企业管理中应有的地位和作用。

（二）财务信息失真，难以为决策者提供科学的依据

我国相当多的煤炭企业内部存在信息严重不透明、不对称和失真的现象，甚至人为制造信息泄露，使得煤炭企业的高层决策者难以获得准确的财务信息。这主要是由于市场运行管理不规范，监管体制不明，权责不清，监管力不从心，经营管理失控等原因造成的。据财政部会计信息质量抽查证实，全国85%以上的煤炭企业会计信息存在不同程度的失真。

（三）煤炭企业资金短缺，现有资金得不到合理利用

煤炭企业资金周转速度慢，周转期长，流动资金短缺，是制约企业生存和发展的突出问题。一方面，煤炭企业流动资金来源单一，企业增资能力日渐不足。存货周转期长，速度慢。另一方面，公司要保证生产经营的正常进行，又要大量举债，庞大的资金占用和债务影响了企业的生产和发展，甚至将企业拖垮。近年来，煤炭企业子公司多头开户现象严重，资金管理严重失控。投资决策随意性大，有些子公司不顾自身的能力和发展目标盲目投资，从而影响了集团正常的资金链状况。企业中资金沉淀现象严重，资金运用不尽合理，货款拖欠居高不下，周转缓慢，导致企业信用和盈利能力下降。

七、人力资源管理

（一）煤炭企业重生产劳动，轻地面工作

煤炭行业是一种特殊行业，工作环境脏、苦、累，而且危险性很大，其生产过程需要多工种配合形成完整的生产系统才能发挥效用，因此分配政策向一线职工倾斜无可厚非。但是，地面工作的职工在人、财、物方面，在供、产、销方面的管理和控制同样起着举足轻重的作用。目前，在我国煤炭企业中，重生产劳动，轻地面工作的现象仍然普遍存在。

（二）重学历职称，轻技术管理

工资分配是职工劳动创造的动力和源泉，然而，目前企业实行的职称工资分配，在很大程度上存在“吃大锅饭”现象。这样的分配不看技术好坏，不看能力高低，不看事务多少，一味地把工人和干部、低学历和高学历、此岗位和彼岗位之间严格地区分开来，其弊端是促使一大部分人为职称奔忙，同时也极大地挫伤了实践经验丰富、工作能力强的职工的工作积极性和主动性，使企业生产成本相应膨胀，企业核心竞争力明显减弱。

八、信息化建设

（一）企业外部环境

政府和管理部门支持不够。对企业管理落后的严重性认识不足，政府和管理部门对利用信息技术改善企业管理的巨大作用了解不够。政府在制定鼓励性的政策措施时，在技术、资金、通信基础设施建设等方面投入的力度不够。煤炭产业中的信息化环境尚未形成，如电子商务推进缓慢，社会中介服务机构不健全，咨询机构不多。对企业信息化的评价认证缺乏统一的标准和监管制度，项目质量无法衡量，服务质量难以保证，实施过程中纠纷较多。

（二）企业内部环境

煤炭企业井下开采条件复杂多变。受断层、褶皱、岩浆侵入、煤层厚度变

化等影响，煤矿井下开采条件复杂。因此，选择适宜的采煤技术、工艺和采煤设备难度较大。井下瓦斯爆炸及煤尘爆炸等都是矿井生产中面临的主要安全问题，在井下自动化设备使用中可能产生的电火花、短路等问题都可能成为这类事故发生的导火索。煤矿井下的潮湿环境，会对电气设备、数据采集设备等产生腐蚀性影响，这也对各种设备的隔潮性、绝缘度提出了更高的要求。煤炭生产运用大机器体系，技术装备复杂。煤炭生产所采用的设备种类较多、技术程度复杂，这给信息技术的应用带来了难度。煤炭企业生产过程具有较高的事故风险性，在其生产过程中，通风、排水系统等任何环节发生故障都可能造成严重的后果。要实现煤矿生产全过程自动化控制，必须保证生产自动化系统本身具有高度的可靠性和安全性。企业内部决策层对信息化工作认识和重视还不够。煤炭企业缺乏研究和开发能力，引进的信息技术，只有通过消化吸收并与企业管理融合以后，才能取得预期效果。要获得实际技术能力，则需要把触角伸向企业外部，在充分理解和吸收信息知识的基础上进行创新。因此，需要企业有一定的开发、研究能力，而目前国内煤炭企业在这方面的能力是比较弱的。煤炭行业缺少复合型专家人才。目前企业信息化的作用是要通过信息技术拉动企业自上而下的管理创新和机制创新，因此要求企业必须有既懂企业，又懂管理和计算机应用的复合型人才，来保证信息化和企业发展的对称性。目前企业信息化建设资金短缺，信息化建设的投入远远不能满足企业信息化发展的要求。

第二章　煤矿安全管理的发展现状

煤炭工业是基础产业，在国民经济发展中有着举足轻重的作用。煤矿安全则是煤炭工业稳定、持续、高速发展的根本保证。由于煤炭开采属地下作业，生产环境恶劣，生产过程复杂，受到水、火、瓦斯、煤尘和冒顶等多种灾害的威胁，致使煤矿安全问题较其他行业更重要、更复杂、更难解决。因此，煤矿安全问题历来就是煤矿生产的头等大事，关系国家和集体的财产、煤矿职工生命安全和身心健康。随着煤矿开采深度的加大，高产、高效矿井的发展，许多重大恶性事故频繁发生，煤矿安全生产形势不容乐观。

第一节　国外煤矿安全管理的发展现状

所谓安全管理，就是管理者对安全生产进行计划、组织、指挥、协调和控制的一系列活动，以保护职工在生产过程中的安全和健康，保护国家和集体的财产不受损失，保证生产顺利进行，从而创造优良的社会效益、经济效益，实现企业的根本目标。安全管理是企业管理的重要组成部分，也是一项复杂的系统工程，它以科学的管理方法和系统有效的管理机制遏制事故的发生，达到防患于未然、安全生产的最终目的，其对煤矿企业这类特殊行业更显重要。近十几年来，国际上煤矿安全生产管理水平和安全卫生科学技术水平提高很快，进展迅猛。

一、生产技术支撑体系健全

从世界发达国家实现安全生产事故低发的成功经验看，专业化的技术支撑机构在控制重大事故中发挥了至关重要的作用。美国、俄罗斯、德国、英国、日本、法国等均设有国家级的技术支撑机构。美国的矿山安全与健康监察局（MSHA）下设有匹兹堡安全与健康技术中心、国家职业安全与健康研究院和认证中心等科技支撑机构。匹兹堡安全与健康技术中心下设粉尘、矿山电气系统、矿山事故处理、矿山废料和土木工程、自然和有毒物质、顶板控制、通风7个部（所），负责在MSHA实施监察时向其提供技术支持，对重大事故的调查分析，并对事故的抢救工作提供技术和装备的支持，为矿山企业提供安全方面的工程技术性帮助。国家职业安全与健康研究院主要负责矿山安全与健康领域的应用技术的开发和研究，为采矿中出现的问题寻找解决办法，提供新技术、新成果。这些发达国家的煤矿生产技术支撑机构性质上均为社会公益型，依靠国家政府拨款，开展独立的事故分析鉴定、现场验证以及事故预防基础研究。在技术手段上，一般均具备一流的大型试验验证设备设施，并拥有用于宏观管理的数据库系统和事故模拟仿真的软、硬件条件，煤矿生产技术支撑体系十分健全。

二、安全检查执法严格

美国有关矿业安全的法律法规制度科学严密，可操作性很强。《联邦矿业安全与健康法》确定了四大原则：一是安全检查经常化。每个矿井每年必须接受4次安全检查。二是实行事故责任追究制。特别是伤亡事故，蓄意违法的责任者将被罚款和判处有期徒刑。三是安全检查“突袭制”。任何提前泄露安全检查信息的人，可能被罚款和判处有期徒刑。四是检查人员和矿业设备厂商均负连带责任。监察人员出具误导性的错误报告，矿业设备厂商供应不安全设备，都可能被罚款和处以有期徒刑。在执法领域，美国煤矿安全生产监督机构强调独立性，在机制上防止检查人员与矿主、地方政府形成利益同盟。各地联邦安全检查员每两年必须轮换对调，任何煤矿发生了一次死亡3人以上事故，当地的安全监察人员不得参与该事故调查，而由联邦办公室从外地调派安全监察员进行事故调查。根据法律规定，安全监察人员如果发现事故隐患，有权责令煤矿立即停止生产，如果泄露检查信息或误导调查，则可能被判刑。

德国煤矿在安全生产法律、法规的制定上十分严谨。特别是执法部门，执法非常严格。《煤炭安全法》是联邦宪法的一部分，各州还有自己的法律法规，形成了完整的法律体系。德国的煤矿安全监察中，有三支安全监察队伍定期或不定期对矿井进行巡查。国家安全生产部门人员每周都突击检查井下安全，矿工投保的工伤事故保险联合会的安全专家不定期到井下巡查，矿山安全管理人员全天不间断地检测井下安全。

英国在 1843 年成立了矿山安全监察局，作为政府监察机构管理私营矿山，重点对煤矿生产进行监察，确保最高安全水平。矿山安全监察局的日常工作主要有：进行事故调查，提出各种条件下的安全作业方法，对矿山安全法律和政策的制定和修改提出建议，与有关国家和国际安全机构开展合作等。

在加拿大，很多煤矿都设有由管理人员代表和矿工组成的职业安全与健康委员会，负责有关安全的工作。委员会每月进行一次严格的安全检查，及时召开会议，提出检查发现的问题，并对事故、事件和危险情况进行全面调查，提出改进建议。

三、强调新技术的推广和运用

美国非常重视信息化技术的推广和运用，矿业采掘的机械化和自动化程度很高。例如，推广安全性比较高的长壁开采法和推广新型通风设备、坑道加固材料和电气设备等。MSHA 下属的技术认证中心每月都在网上公布通过认证的新产品目录，加以推广。

南非是世界著名的矿业大国，采矿业是南非经济的支柱产业，采矿技术和设备都非常先进。南非自 1993 年组建矿山安全研究咨询委员会（SIMRAG）以来，已投资 12500 万南非兰特用于矿山安全与保健研究，其中煤矿安全技术研究资金约占 20%，主要用于开发减少发生瓦斯和煤尘爆炸、预防死亡事故的新技术研究和运用。

德国一直很重视煤矿安全技术的研发。在井下矿工可通过“数字眼镜”查看出现故障的机器，电脑会给出非常详细的、有动画演示的维修步骤，矿工不需要亲自去检查机器，完全由电脑来自动识别物体，并检查和处理数据。矿山采用“全自动车自动选煤”先进技术，部分代替了矿工执行危险工作。

四、实行强制性培训

德国规定所有矿工都必须经过至少 3 年的矿业学校以及矿山实际工作的培训。在正式成为矿山职工之前，必须通过矿山组织的集中安全生产培训，在工作中，他们还要定期进行培训。

美国《联邦法典》中的《矿产资源卷》对采矿业人员的培训作出了详细规定，包括经营者在内的所有矿山人员都必须在上岗之前接受培训，而且上岗以后每年也要接受再培训。各矿山企业必须按照美国法律制定矿山培训计划，安排培训课程并保存培训资格证明文件。矿山人员的培训是由 MSHA 中的教育、政策和发展司负责。其下设国家矿山安全与健康学院和东西部的两个现场培训中心，对矿主、矿工和安全监察人员进行培训。

加拿大将安全培训计划列为煤矿的主要工作计划，每个矿都设有专门的技术培训机构，负责制定和实施有关采矿的岩石力学、地质和地质力学方面以及通风、井下支护、锚杆支护、详细的撤柱计划及不稳定岩层顶板切割等课堂和现场的培训计划。

第二节　国内煤矿安全管理的发展现状

我国煤炭产量约占全球的 1/3，而我国每年事故死亡人数却占全世界的 80% 左右，2000~2006 年我国的煤矿安全事故及其死亡人数如表 2–1 所示。

表 2–1　2000~2006 年我国煤矿事故统计

年份	2000	2001	2002	2003	2004	2005	2006
死亡人数（人）	5789	5670	5791	6434	6270	5986	4746

1949~2004 年我国的煤矿安全事故分阶段平均死亡人数如图 2–1 所示。

通过对我国煤矿事故历史数据的分析发现，我国煤矿重大、特大伤亡事故较多。在 1990~2002 年的 13 年间，全国煤矿共发生 3 人以上重大伤亡事故 5.230 起，死亡 35.875 人，占全部死亡总人数的 46.5%；平均每年发生 435 起，年均死亡 2990 人。其中 10 人以上特大伤亡事故共发生 795 起，死亡 15151 人，占全部死亡总人数的 19.6%；平均每年发生 66 起，年均死亡 1262 人。2002 年，全国共发生煤矿事故 4344 起，死亡 6995 人。其中，3 人以上重大伤亡事故共发生 377 起，死亡 2590 人，占全国死亡总人数的 37.1%；10 人以上特大伤亡事故 56 起，死亡 1167 人，占全国死亡总人数的 16.7%。

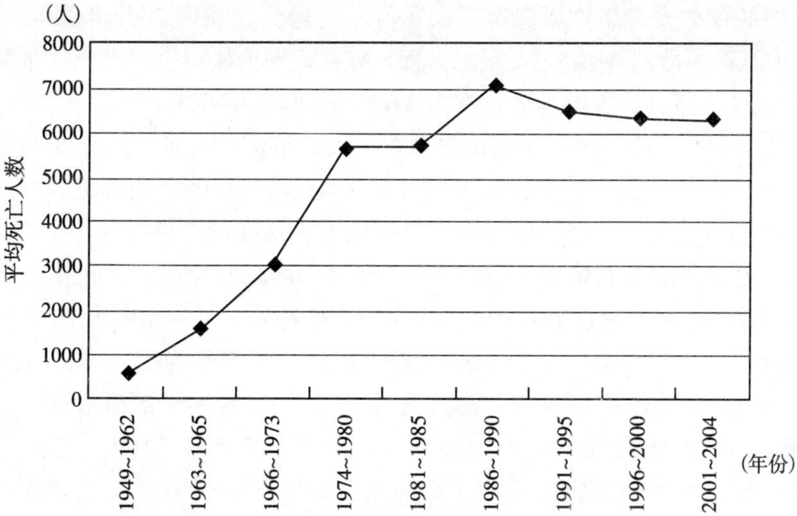

图 2-1 1949~2004 年我国的煤矿安全事故分阶段平均死亡人数

1949~2004 年我国的煤矿分阶段百万吨死亡率如图 2-2 所示。

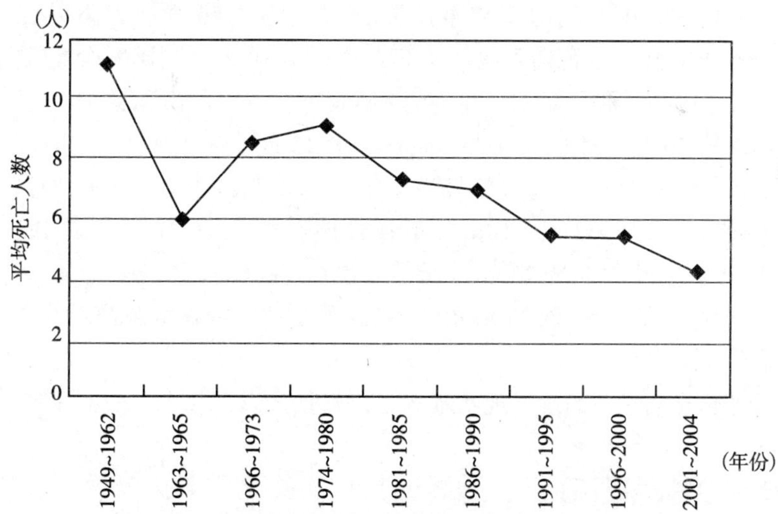

图 2-2 1949~2004 年我国的煤矿分阶段百万吨死亡率

新中国成立以来，我国煤炭产量从最初的几千万吨逐步增加，2001 年已经突破了 11 亿吨，煤炭产量平均每年增长 7%左右，煤矿百万吨死亡率大体呈反方向逐年减少。安全生产最主要的指标就是百万吨死亡率。权威数据显示，近几年我国的煤矿安全生产形势呈现稳定好转的趋势，我国2003年煤炭产量17亿吨，因煤矿事故造成6434人死亡，百万吨死亡率为4.17。2004年，因煤矿事故造成6027人死亡，百万吨死亡率为3.08，比2003年有所下降。

我国与其他一些产煤大国相比仍存在很大的差距。例如，美国2003年产煤量为10亿吨，仅死亡50人，百万吨死亡率为0.039；俄罗斯为0.34；南非为0.13；中等发达国家一般为0.4。当然我们也不否认我国局部地区、个别煤矿做得很好，比如我国神东煤炭公司，2004年产煤8000万吨，百万吨死亡率为0，山东兖州煤矿百万吨死亡率为0.02，安全生产率都处于世界领先水平。

2003年，世界煤炭产量约为50亿吨，我国煤炭产量为17亿吨，占总产量的33.3%，全世界煤矿事故死亡总数约为8000人，我国煤矿事故死亡人数为6434人，占总人数的80.4%，国内煤矿平均每人每年产煤321吨，生产效率为美国的2.2%，南非的8.1%，而每百万吨死亡率是美国的100倍，南非的30倍。2005年，全国煤矿发生死亡事故3341起，死亡5986人，平均每天死亡16.4人，其中重大事故210起，死亡886人，特大事故58起，死亡1739人。全国煤矿百万吨死亡率为2.836，居世界之首，是美国的100倍，南非的40倍，印度的10倍。2006年，我国煤矿事故死亡人数为4746人，百万吨死亡率为2.041，全国煤矿共发生瓦斯事故327起，死亡1319人，同比减少87起、减少852人，比上一年分别下降21%和39.2%。其中，发生一次死亡10人以上特大瓦斯爆炸事故26起，死亡490人，同比减少15起、减少841人，比上一年分别下降36.6%和63.2%。全国乡镇煤矿发生各类事故2149起，死亡3431人，同比减少331起、减少953人，比上一年分别下降13.3%和21.8%。其中，发生一次死亡10人以上特大事故25起，死亡458人，同比减少22起、减少729人，比上一年分别下降了46.8%和61.4%。和国外相比，我国煤矿事故仍然居高不下，有着巨大的差距。

我国煤矿安全管理的发展现状基本可以概括为以下几个方面：

一、生产技术落后

（一）自然条件复杂、安全威胁日益严重

从我国煤矿自然条件来看，目前2万多个煤矿中，有50%左右是高瓦斯矿井，60%~70%是在复杂和极复杂的地质条件下进行开采，并且随着开采向深部

延伸，水、火、瓦斯、煤尘、顶板矿井五大灾害问题日益突出。从生产条件来看，虽然我国有些煤矿开采技术已经接近世界先进水平，但全国50%左右的小型煤矿仍采用落后的开采方式，这样我国煤矿整体技术状况就比较落后，国有机械化程度虽已达到60%~70%，但大量乡镇煤矿机械化程度低，装备水平很落后。煤矿安全装备是防止事故的重要手段，在灾害防治中发挥了重要作用，但目前许多装备适应性不强、可靠性差。

（二）职工素质不高

由于前几年煤炭行业不景气，各大煤炭院校纷纷改制转型，每年的高校毕业生数量有限，其中很多毕业生由于煤炭行业的危险性都不愿到矿区工作，使真正能充实到煤矿采煤一线的专业技术人员寥寥无几，这就造成了煤炭行业专业技术人才的匮乏。因此，从事煤矿行业的大都是低学历、低技能，没有生活出路，急于挣钱的人，特别是小煤矿为了降低成本就更加不会高薪聘请专业人员。据统计，全国中小煤矿中，中专及以上文化程度职工平均不足3%。国有重点煤矿从业人员中，高中以上文化占30.12%，初中文化占33.51%，小学文化占15.17%，文盲占21.2%。国有重点煤矿尚且如此，许多乡镇煤矿企业员工的文化水平就更低了，许多矿主也都不具备应有的安全生产管理专业知识，技术人员也有许多未通过专业培训审核。

（三）小煤矿技术力量薄弱

目前我国约有2.5万个煤矿，其中2.3万个是乡镇个体煤矿。每年发生的煤矿事故中，乡镇煤矿占70%，而重大或特大事故占80%。较低的市场进入门槛使小煤窑没有丰厚的资本购买先进的技术设备，也不能自主研发先进的生产设备，对于安全投入就更加少了。另外，小煤矿多了，矿主为了互相竞争追求利益，势必要以短期获利为目标，不会重点防止事故的发生，而且较小的事故风险成本也使他们难以抵制利益的诱惑。这就造成了风险和利益的不对称，很多小煤矿自然就会抱着侥幸的心理，对煤矿进行破坏性和掠夺性的开采，形成了一个恶性循环。

二、安全管理理念落后

我国很多煤矿企业管理者认为事故不可避免，这是错误的观念。在正确、积极的安全管理状态下事故是可以避免的，正是由于煤矿企业存在这样的管理理念，真正有专业技能的人才就不会冒险去煤矿行业，而在煤炭行业一线的员工每天都过着提心吊胆的日子。既然不可避免，很多矿主就抱着侥幸的心理不重视事故的防范，只是一味地追求经济利益。有些领导安全意识和安全生产法规观念淡薄，对安全生产工作态度消极或者被动应付，违章指挥、违章作业的现象时有发生。对于员工也没有划分明确具体的责任，使得事故发生后只是追究当事人的责任，而忽略了管理者的连带责任以及思想认识上的错误。很多企业对员工的身心发展也不关注，丝毫体现不出人性化的管理，使得我国煤炭行业中员工职业病很严重。

三、法律体系不完善、执法不严

（一）法律体系不完善

为了煤炭企业的安全生产，虽然我国先后出台了《矿山安全法》、《煤炭法》、《安全生产法》、《煤矿安全规程》、《安全生产许可条例》、《煤矿安全监管条例》及各种煤炭行业标准，但是与之相配套的细节法规还有待完善，很多法律法规不能及时应对突发状况和多变状况，使很多人得以钻空子。另外法律监管和惩罚力度不够，使很多企业主孤注一掷，铤而走险。

（二）执法不严

虽然国家对企业安全生产做出明确规定，但在贯彻执行中却发生了问题，具体表现为以下几个方面：一是执法人员执法不力，通常是喊喊口号，走走过场，做个形式，根本没有起到对违规现象的处罚作用；二是层层法规，到了地方效力就大大降低，根本贯彻不下去；三是对于执法不力的人员，即使造成了事故损失也没有严重的惩罚措施，执法力度不够。

（三）安全监察力量薄弱

在安全监察中大多只追查事故的一点，不能全局系统地思考，对于现场的安全隐患看不到其背后隐藏的管理漏洞。我国安全监察主要的手段有警告、行政处罚、移交司法机关等，这些都是事后监察，对预防煤矿事故的作用很不明显，这些都使得我们的安全监察很被动。另外，很多安全监察人员和煤矿业主互通消息，或让矿主事先知道消息采取办法应付检查，检查后一切照旧。这样的检查毫无意义，矿主也因此更加有恃无恐，不重视安全管理了。

四、应急管理体系不健全

我国在2006年编制了《国家安全生产事故灾难应急预案》，但与国外应急管理体系相比，仅在决策方面就存在很多的不足。

（一）决策机制不完善

由于我国煤矿应急机构中没有设立专业化、规范化、制度化的应急决策核心机构。中央和地方政府、煤矿企业的信息和利益不对称导致各级信息系统发生信息错误和失实的可能性增加，甚至歪曲了信息。例如“报喜不报忧”、“浮夸虚报”就是典型的隐瞒事故行为。

（二）决策人员素质不高

有的决策人员没有经过基本培训，缺乏专业知识；有的决策人员知识结构单一，综合型、复合型、高技能人才少；还有的决策者不能从事故中吸取教训，导致事故连续发生。

（三）决策手段停滞不前

我国的决策手段不能够与时俱进，不能根据环境和条件的改变做相应的调整；另外，政策干预手段往往局限于依靠行政命令、行政指导来实行。

（四）决策执行难以落实

上级政府出台的政策到地方很难执行，有些地方政府只注重局部经济指标和利益，对一些违法违规的小煤矿放任不理，忽视安全和管理，把事故的预防工作停留在表面，没有真正地投入人力、物力和财力，这也是导致煤矿事故频繁发生的重要原因之一。

五、培训不到位

培训是保持煤矿行业员工整体素质不断提高的重要途径之一，我国部分煤矿企业对员工的培训形同虚设，从事煤矿作业的人员本身业务素质就不高，不仅没有专门的技术专业人员提供培训，领导者也不组织员工集中学习，员工的工作能力以及对技术的掌握情况主要依靠经验，对于新员工也同样没经过考核和培训直接上岗。

第三节　我国煤矿安全管理存在的问题与原因

我国是一个矿产资源大国，采矿业在国民经济中占很大比重，采矿业规模的扩大和从业人员的日益增多，安全工作却比较落后，致使各类事故接连发生。据近 10 年的不完全统计，全国矿山企业灾难性生产事故死亡人数在 10 万人左右，平均每小时死亡 1 人，平均每天发生一起死亡 3 人以上的事故。煤矿行业是我国矿山死亡的重灾行业，其死亡人数占全国矿山伤亡总数的 8%。其伤亡人数之多、财产损失之重、对社会影响之大令人触目惊心。

一、人的因素

（一）煤矿工人整体素质偏低、法制观念不强

国内外大量的调查研究表明，由人的不安全行为导致的事故占事故总数的 70%以上。美国工程师海因里希经过大量的研究，认为存在着 88：10：2 的规律，即 88%的事故是纯属人为引起的，有 10%是人和物的不安全状态造成的，只有 2%是人难以控制的，即各种不可预测的重大自然灾害。

随着用工制度的改革，我国用工制度出现了正式工、合同工、轮换工、协议工、临时工等并存的现象，多种用工制度给安全生产带来了很多不利的因素，层次分化的职工队伍，新老接替不规律，整体文化程度偏低，临时雇佣现象很严重，职工流动性较强，职工队伍很不稳定。这些文化程度偏低的员工无法正确理解、操作先进的技术设备，而很多煤矿管理干部，特别是区队长、班组长这些“兵头将尾”基层管理人员，绝大部分是从积极肯干的生产工人中选拔上来的，基本不具备专业的技能知识，他们很多都有股蛮干劲头，凭借经验和感觉而对规章制度视而不见。

由于煤矿安全的相关法律法规不是十分健全，在地方又得不到有效的贯彻实施，大部分矿工对相关的法律法规一无所知，意识里没有严肃的法律概念，加之出了事故后，小事故也只是象征性地罚款，做个警告；大事故只追究当事人的责任，并且对肇事者的处罚也不十分严厉，并没有正式落实到我国具有权威性的法律中来，所以长久以来矿工的法律观念十分淡薄。

（二）“三违”现象严重

在煤炭企业中“三违”现象十分严重，很多安全事故的发生都是由于工人违章作业、违章指挥和违反劳动纪律造成的。主要原因有：职工的文化素质不高，对问题的认识片面、不充分、不理性，常常只单纯地追求效益和工资；由于煤矿生产条件的复杂性、单一性、繁重性，使得职工在心理上和生理上易于疲劳、厌倦，从而麻痹大意、投机取巧；企业在管理上也不科学，通常是以处罚为主，而不以教育、指导为原则，往往并不能对“三违”人员起到教育警示作用；有的管理人员不能以身作则，甚至带头违章违纪，误导职工的安全观念等。

二、物的因素

（一）设备不先进、技术水平差

在开采技术方面，虽然国有重点煤矿与世界煤炭开采技术差距不是很大，甚至有些技术走在世界的前列，但是我们的综合技术是有着巨大差距的，况且我国 80%的煤矿都不具有先进技术和开采水平，加之自然条件的恶劣，煤炭资源分布的量少、面广等特点，使我国对煤炭开采的技术要求更加严格。而在我国数量庞大的乡镇煤矿企业中，有 1/3 甚至更多煤矿是依靠落后生产方式生产出来的，这不仅造成了资源的严重浪费，而且加大了从业人员的劳动强度，形成更多的安全隐患。物的不安全状态是导致事故发生的直接原因之一，解决的办法就是加大对技术的研发和引进，加大资金的投入，推广先进的生产设备，而对于企业内部也要适当研发适合本地区的生产设备、工艺等。只有在技术上突破和创新，才能有硬件的保证，才能将物的不安全状态降低到最小，以预防事故的发生。

（二）研发投入不足

与采煤过程中的灾害做斗争，必须有相应的物质手段予以保障。如瓦斯灾害的防治，必须从通风、抽放、监测、科研等诸多方面予以保障。由于多数煤矿企业经济困难，安全研发投入严重不足。目前，一些矿井现用的各种安全装备多数都超期服役，过度运转，需要更新。当前在防治瓦斯技术上，也有许多亟待解决的问题，如低透性煤层抽放问题、综放工作面瓦斯和火的防治问题、煤与瓦斯突出预测预报问题、钻机能力低的问题等都需要科研攻关解决。这也是我国煤矿安全生产事故频发的主要原因之一。

（三）信息体系不健全

总体来看，我国煤矿行业信息化水平仍然比较低，信息技术应用不平衡，适用于煤矿井下的信息技术、电子产品和信息系统的研发及产业化水平相对落后，煤矿井下安全生产监控和防治系统十分脆弱。有关生产、管理自动化与信息技术相对滞后。一些对危险源进行远程、实时的监控，预测和分析技术等都不能很好的推广实施。

三、环境的因素

（一）社会环境不利

任何一个系统的运作都依赖于环境，健康、稳定、积极的环境可以促进整个系统快速的发展；相反，环境的不和谐会给系统带来很多的不便和突发性问题。我国煤炭企业面临的不利环境因素主要有：

(1) 我国煤炭行业的历史背景和政策。我国煤炭安全投入欠账特别大，前些年由于煤炭市场形势不好，很多关于煤炭安全研究的机构纷纷解体，在这种情况下，不论是国家还是煤炭企业在安全方面的投入明显减少，仅国有煤矿在安全工程、装备和设施方面就欠账500亿元左右。

(2) 我国煤炭安全管理的法律不健全。我国虽然也制定了很多关于煤矿安全的法律法规，但在地方上很多法律难以实施。而且我国煤炭安全管理的相关法规中关于煤矿安全事故的惩罚力度不够，许多地方煤矿都不重视，以至于煤矿安全事故接连发生。由于我国法律法规不够细致、健全，执法也就没有力度，很多人都利用这一点从事违法违章的生产，造成事故后也得不到严厉的惩罚。

（3）安全监察力度不够。安全监察环节薄弱，安全监察范围不全，不彻底，各项法规执行落实得不到位，也有监察人员跟矿主通风报信，这样的监察力度使得员工处在一个很不安全的生产环境中。

（二）地质条件复杂、多变

环境是安全生产的必要条件，环境因素也是事故发生的主要原因。人们劳动始终离不开特定的环境。煤矿井下的作业环境十分复杂，劳动强度大、安全卫生条件差、工作时间长和环境艰苦都给作业人员的心理和生理带来一定的压力。另外，矿井中照明、噪声、通风、粉尘、温度、湿度、空气等都对人员的工作状态影响很大。所以在这些无法改变的工作环境中只能加大对安全的投入，尽量利用远程操作系统减少井下人员的作业。

四、管理的因素

（一）管理观念存在偏差

我国的煤炭行业始终存在"发生事故后紧一阵—保持一段时间—逐渐松懈—再次发生事故"这样的恶性循环，安全管理治标不治本。造成这种现象的根本原因就是管理观念存在着偏差，安全管理人员缺乏应有的责任心，对某些违规操作睁一只眼闭一只眼，以至于留下安全隐患，最后发生事故。还有的管理人员只是为了应付检查做个样子，敷衍了事，甚至有的管理人员觉得安全管理可有可无，基本不到一线工作按照规章制度安排生产任务。

我国煤炭企业的管理不以预防为主，而着重强调发生事故后的处罚，这样的观念是很不对的，如果这个观念纠正不过来，很多煤矿都不会很好地接受煤矿事故带来的教训，自然也就不会意识到自身的安全隐患是个十分严重的问题，总以为只有出了事故才是问题。意识指导行为，必须从根本上解决管理观念的问题。一要让管理人员分层级的培训学习，矿长等主要领导要经常去国外或者国内大型煤矿企业学习先进的管理理念；二要将中层管理人员集中进行培训，并由他们定期提交管理方案，以便及时发现现行管理中存在的问题；三要定期培训区队长、班组长等基层管理人员，强化安全管理理念，将安全生产放在第一位。

（二）管理上存在漏洞

管理不当是事故发生的间接原因，不管是人的不安全行为还是物的不安全状态都是由于管理中存在着漏洞而产生的。在我国，发生安全事故后，追究其原因时通常首先都把目光集中在现场的有关人员和物体上，虽然这是造成事故的直接原因，但是这往往只是表面的因素，而更深层的原因就是管理不到位。如果在发生事故之前，通过有效严密的管理及时将安全隐患排除，事故是完全可以避免的。要实现有效的管理，就要提高各环节的执行力，重视各环节的细节以及工作状态，甚至是工人的情绪等。

煤矿的安全管理工作是一个庞大的工作系统，每一个小小的环节、每一道简单的工序、每一项基本的操作都有可能隐藏着巨大的安全隐患，这就要求管理者细心、再细心，对于哪些地方和环节容易出问题，哪些人员哪些技术容易出问题，管理者都应该了如指掌，并对每天下井作业中出现的问题及时分析、解决。

（三）责任划分不清，不追究连带责任

很多煤矿事故发生后，首先追究当事人的责任，其他责任不重点追究，只要找到一个“主犯”就好。这样不仅没有认清事故发生的根源，也没有明确责任的划分。所以在现实工作中，要明确划分职责范围，以免出现互相依靠、互相推脱的现象，从而产生管理漏洞。每天的工作中由谁管理、由谁负责每天下井前都要进行登记，避免事故发生后责任的划分不清楚。一旦发生事故，对相关的作业人员、管理人员以及负责检查人员都要一并追究责任，只有这样，在以后的工作中才能减少事故发生。

第三章　煤炭企业及其生产的特殊性

第一节　煤炭企业及其生产

随着现代安全的进步和人们安全意识及需要的增加，煤矿生产安全越来越受到重视，但事实上我国煤矿事故依然频发。2004 年，河北武安、重庆綦江、河南大平煤矿等发生安全事故，共死亡 6027 人。煤矿事故的发生给社会带来了极坏的影响，同时也对煤矿的安全生产提出了严厉的警示。国务院发展研究中心的研究报告指出，煤矿的安全生产成为挑战中国经济发展的十大考验之一。尤其是近年来，随着煤炭市场的复苏，受到市场需求的拉动，全国煤炭生产一片繁忙，忽视安全而只注重生产、超能力生产现象屡禁不止，各类重大安全事故频繁发生。

目前，世界主要产煤国家如美国、英国、德国、澳大利亚等已经基本消灭重大死亡事故，澳大利亚每年生产 1 亿吨煤炭的事故死亡人数不超过 1 人，在美国煤矿事故死亡率已经低于金属、制造、建筑、农业等其他 20 个行业，煤矿行业已经成为相当安全的一个行业。然而，在我国，2006 年因煤矿事故死亡 4746 人，2007 年死亡 3786 人。我国煤炭安全生产的形势十分严峻。

煤矿企业的劳动对象是煤炭。煤炭是经过漫长的地质年代形成的赋存于一定的地质条件中的自然资源。煤炭企业要进行生产受地质条件影响严重。从地质条件看，我国煤炭资源赋存条件复杂，水、火、瓦斯、煤尘和顶板五大自然灾害俱全。

一、瓦斯

瓦斯是煤矿生产中经常遇到的一个问题，也是对煤矿安全生产威胁最大的一种灾害。过去我国煤矿瓦斯事故十分严重，直到现在也时有发生。近几年来随着开采深度的增加，煤与瓦斯突出的危险性也在不断加大，突出危险区域也在不断扩大；通风线路加长，通风能力不足，造成瓦斯含量增加，瓦斯爆炸的危险性增加。据统计，五大灾害中，瓦斯事故起数及死亡人数最多，死亡人数一直占煤矿因工死亡总人数的20%左右，对生产破坏极大。矿井瓦斯是从煤层和生产过程中涌出的各种有害气体的总称。大致可分为三类：第一类是可燃性和爆炸性气体，主要是沼气，又称甲烷；第二类是窒息性气体，主要是二氧化碳；第三类是有毒气体，主要是一氧化碳、硫化氢、二氧化硫和二氧化氮等。三类有害气体中，沼气占80%~90%，因此习惯上也把沼气叫做瓦斯。瓦斯的危害主要有两方面，一是会引起燃烧和爆炸事故，二是会造成人员窒息。煤矿工人在井下工作时，如果空气中含有一定的沼气，人们呼吸就会感到困难，因为井下沼气多了，就相对地减少了空气中的含氧量。若含氧量减小到12%以下时，人们会因缺氧而窒息甚至死亡。当空气中沼气达到一定浓度时，遇火就会引起燃烧和爆炸。沼气的爆炸下限为5%~6%，上限为14%~16%。爆炸威力最强的浓度为9.5%，此时空气中含氧量为19%，正好是完全燃烧的比例，因此遇火爆炸力最大。沼气含量低于下限或高于上限浓度均不会发生爆炸。但高于上限，如果有新鲜空气引入并遇火，也可燃烧或爆炸。

二、冒顶

煤层上方的岩层叫顶板。顶板由于开采活动破碎或支护不好形成顶板垮落而造成的事故，称冒顶事故。冒顶是煤矿中最常见、最易发生的事故。据国内外统计资料分析，冒顶事故在各类事故中占较大比重。有的煤矿冒顶事故占伤亡事故的50%。在世界主要产煤国家中，冒顶事故占井下事故的首位，发生次数最多，伤亡人数也最多。大的冒顶事故形成冲击波能造成大量人员伤亡，有的造成井下巷道破坏，矿毁人亡，对安全生产危害很大。近年来，随着煤矿开采深度的增加，矿压的不断加大，各种与安全有关的问题更加凸显，例如开采强度的不断增强，顶板压力增大，支护难度和成本剧增。

三、火灾

由于煤具有可燃性，而且某些还具有自燃倾向，这就给井下的煤矿作业带来很大的危险性。发生在井下或地面井口附近能威胁矿井安全生产的火灾叫矿井火灾。矿井火灾根据发生的原因可分为：由煤自燃引起的内因火灾和由外部热源引起的外因火灾。

发生外因火灾的原因主要有四种：一是明火引起，如吸烟，烤火，用乙炔灯、油灯照明等；二是机械设备摩擦引起，如皮带堵转，滚筒与皮带摩擦，高速运转的部件与煤粉摩擦等；三是放炮引起，如炮眼封堵炮泥不合乎要求，“打筒”引燃风筒以及炸药质量问题；四是电气设备不符合防爆要求，如因短路产生电弧、电火花等。

发生由煤自燃引起的内因火灾，是因煤与空气中氧气接触后，会低温氧化而产生热量，如果散热条件不好，煤体温度就会升高，这个阶段叫自热。自热导致煤的氧化速度加快，产生更多的热量。当温度升高到350℃左右时，煤就开始燃烧。煤矿井下70%~75%的火灾是由内因引起的。由火花、放炮、机械摩擦等酿成的外因火灾占少数。

矿井火灾能点燃煤层，烧毁井下设施，引起瓦斯煤尘爆炸，造成人员伤亡，给国家资源和企业经济造成严重损失。矿山的经济损失除灭火的直接费用外，更严重的还在于设备的冻结，造成停产损失。

四、透水

井下采掘放炮、冒顶、突然涌出大量的水造成淹巷、停产，甚至发生人身伤亡，叫透水事故。造成透水事故的水主要来自地面水和地下水两种。

地面水是指地面的河、湖、池沼水、洼地积水、水库、季节性的雨雪水和山洪等。这些水均能沿着与井下相连的通路（如井巷入口、旧钻孔、岩层裂隙等）流入矿井，酿成水灾。

与透水有关的地下水有含水层积水、断层水和老空水等。煤矿井田中的砾岩层、流沙层以及具有喀斯特溶洞的石灰岩等都是危险的含水层。当掘进井巷穿过这些含水岩层时，就有造成水灾的危险。地壳运动所造成的断层裂缝处的岩石，通常都是破碎的，易于积水。特别当断层与含水层或地面水相通时，造成矿井水灾的危险性更大。井下的采空区或被废弃的井巷常有大量的积水即老空水，一旦不慎掘透，即造成水灾。

五、矿尘

矿尘是悬浮在空气里和已经沉降的岩石和煤的细微颗粒的总称。在矿山各种作业中，凿岩及爆破是矿尘的主要来源，其次是矿岩的装卸及运输工作。井下施工用的黄土、水泥和沙子等，飞扬起来也能成为煤矿粉尘的附加粉尘。煤尘爆炸事故破坏性特别大，甚至可能毁掉矿井，人员伤亡惨重。除安全问题外，矿尘对人体健康也有着较大危害，主要是呼吸系统的危害，可引起尘肺。

第二节　事故致因理论及其在煤矿管理中的指导作用

一、事故致因理论

事故是一种可能给人类带来不幸后果的意外事件。千百年来，人类主要是“从事故中学习事故”，即根据事故发生后残留的关于事故的信息来分析、推论事故发生的原因及其过程。由于事故发生的随机性质，以及人们知识、经验的局限性，使得对事故发生机理的认识变得十分困难。

在科学技术落后的古代，人们往往把事故的发生看做人类无法违抗的“天意”或“命中注定”，而祈求神灵保佑。随着社会的发展，科学技术的进步，特别是工业革命以后工业事故频繁发生，人们在与各种工业事故斗争的实践中不断总结经验，探索事故发生规律。从事故的定义和特性可知，事故是违背人的意志而发生的意外事件，而且事故具有明显的因果性和规律性。因此，要想找出事故的根本原因，进而预防和控制事故，就必须在千变万化、各种各样的事故中发现共性的东西，把其抽象出来，即把感性的认识与积累的经验升华到理论的水平，反过来指导实践，并在此基础上，制定出事故控制的最有效的方案；否则，只会是“头痛医头、脚痛医脚”，跟在各类层出不穷、形式各异的事故后面疲于奔命。这类阐明事故为什么会发生，是怎样发生事故的，以及如何防止事故发生的理论，被称为事故致因理论，或事故发生及预防理论。

事故致因理论（Accident–causing Theory）是从大量的典型事故的本质原因的分析中所提炼出来的事故机理和事故模型。这些机理和模型反映了事故发生的规律性，能够为事故原因的定性、定量分析，为事故的预防，为改进安全管理工作，从理论上提供科学的、完整的依据。事故致因理论是指导事故预防工作的基本理论，是生产力发展到一定水平的产物。在生产力发展的不同阶段，生产过程中存在的安全问题有所不同，特别是随着生产形式的变化，人在工业生产过程中所处地位的变化，引起人的安全观念的变化，使事故致因理论不断发展和完善。

二、事故致因理论的发展

在 20 世纪 50 年代以前，资本主义工业化大生产飞速发展，美国福特公司的大规模流水线生产方式得到广泛应用。这种生产方式利用机械的自动化迫使工人适应机器，包括操作要求和工作节奏，一切以机器为中心，人成为机器的附属和奴隶。与这种情况相对应，人们往往将生产中的事故原因推到操作者的头上。1919 年，由格林伍德（Greenwood）和伍兹（Woods）提出了“事故倾向性格”论，后来又由纽伯尔德（Newboid）在 1926 年以及法默（Farmer）在 1939 年分别对其进行了补充。该理论认为，从事同样的工作和在同样的工作环境下，某些人比其他人更易发生事故，这些人是事故倾向者，他们的存在会使生产中的事故增多；如果通过人的性格特点区分出这部分人而不予雇用，则可以减少工业生产的事故。1936 年，美国人海因里希（Heinrich）提出“事故因果连锁”理论。海因里希认为，伤害事故的发生是一连串的事件，按一定因果关系依次发生的结果。他用五块多米诺骨牌来形象地说明这种因果关系，即第一块牌倒下后会引起后面的牌连锁反应而倒下，最后一块牌即为伤害。因此，该理论也被称为“多米诺骨牌”理论。“多米诺骨牌”理论建立了事故致因的事件链这一重要概念，并为后来者研究事故机理提供了一种有价值的方法。海因里希曾经调查了 75000 件工伤事故，发现其中有 98%是可以预防的。在可预防的工伤事故中，以人的不安全行为为主要原因的占 89.8%，而以设备的、物质的不安全状态为主要原因的只占 10.2%。按照这种统计结果，绝大部分工伤事故都是由于工人的不安全行为引起的。1949 年，葛登（Gorden）利用流行病传染机理来论述事故的发生机理，提出了“用于事故的流行病学方法”理论。葛登认为，流行病病因与事故致因之间具有相似性，可以参照分析流行病病因的方法分析事故。流行病的病因有三种：一是当事者（病者）的特征，如年龄、性别、心理状况、免疫能力等；二是环境特征，如温度、湿度、季节、社区卫生状况、防疫措施等；三是致病媒介特征，如病毒、细菌、支原体等。这三种因素的相互作用，可以导致人体的疾病发生。与此相类似，对于事故，一要考虑人的因素，二要考虑作业环境因素，三要考虑引起事故的媒介因素。这种理论比只考虑人失误的早期事故致因理论有了较大的进步，它明确地提出事故因素间的关系特征，事故是三种因素相互作用的结果，并推动了关于这三种因素的研究和调查。但是，这种理论也有明显的不足，主要是关于致因的媒介。作为致病媒介的病毒等在任何时间和场合都是确定的，只是需要分辨并采取措施防治；而作为导致事故的媒介到底是什么，还需要识别和定义，否则该理论无太大用处。1961年由吉布森（Gibson）提出，并在1966年由哈登（Hadden）引申的“能量异常转移”论，是事故致因理论发展过程中的重要一步。该理论认为，事故是一种不正常的，或不希望的能量转移，各种形式的能量构成了伤害的直接原因。因此，应该通过控制能量或者控制能量的载体来预防伤害事故，防止能量异常转移的有效措施是对能量进行屏蔽。

20世纪70年代后，随着科学技术不断进步，生产设备、工艺及产品越来越复杂，信息论、系统论、控制论相继成熟并在各个领域获得广泛应用。对于复杂系统的安全性问题，采用以往的理论和方法已不能很好地解决，因此出现了许多新的安全理论和方法。在事故致因理论方面，人们结合信息论、系统论和控制论的观点、方法，提出了一些有代表性的事故理论和模型。20世纪60年代末（1969年）由瑟利（Surry）提出，20世纪70年代初得到发展的“瑟利模型”，是以人对信息的处理过程为基础描述事故发生因果关系的一种事故模型。该理论认为，人在信息处理过程中出现失误从而导致人的行为失误，进而引发事故。与此类似的理论还有1970年的“海尔（Hale）模型”，1972年威格里沃思（Wigglesworth）的“人失误的一般模型”，1974年劳伦斯（Lawrence）提出的“金矿山人失误模型”，以及1978年安德森（Anderson）等人对瑟利模型的修正等。这些理论均从人的特性与机器性能和环境状态之间是否匹配和协调的观点出发，认为机械和环境的信息不断地通过人的感官反映到大脑，人若能正确地认识、理解、判断，做出正确决策和采取行动，就能化险为夷，避免事故和伤亡；反之，如果人未能察觉、认识所面临的危险，或判断不准确而未采取正确的行动，就会发生事故和伤亡。

动态和变化的观点是近代事故致因理论的又一基础。1972年，本尼尔

(Benner) 提出了在处于动态平衡的生产系统中，由于扰动 (Perturbation) 导致事故的理论，即“P 理论”。此后，约翰逊 (Johnson) 于 1975 年发表了“变化—失误”模型，1980 年诺兰茨 (W.E.Talanch) 在《安全测定》一书中介绍了“变化论”模型，1981 年佐藤音信提出了“作用—变化与作用连锁”模型。“轨迹交叉”论是近十几年发展起来的理论。该理论认为，事故的发生不外乎是人的不安全行为（或失误）和物的不安全状态（或故障）两大因素综合作用的结果，即人、物两大系列时空运动轨迹的交叉点就是事故发生的所在，预防事故的发生就是设法从时空上避免人、物运动轨迹的交叉。与轨迹交叉论类似的理论是“危险场”理论。危险场是指危险源能够对人体造成危害的时间和空间的范围。这种理论多用于研究存在诸如辐射、冲击波、毒物、粉尘、声波等危害的事故模式。

事故致因理论的发展虽还很不完善，还没有给出对于事故调查分析和预测预防方面的普遍和有效的方法。然而，通过对事故致因理论的深入研究，必将在安全管理工作中产生以下深远影响：①从本质上阐明事故发生的机理，奠定安全管理的理论基础，为安全管理实践指明正确的方向。②有助于指导事故的调查分析，帮助查明事故原因，预防同类事故的再次发生。③为系统安全分析、危险性评价和安全决策提供充分的信息和依据，增强针对性，减少盲目性。④有利于定性的物理模型向定量的数学模型发展，为事故的定量分析和预测奠定基础，真正实现安全管理的科学化。⑤增加安全管理的理论知识，丰富安全教育的内容，提高安全教育的水平。

三、几种有代表性的事故致因理论

随着科学技术的发展，事故发生的本质规律在不断变化，人们对事故原因的认识也在不断深入，先后出现了十几种事故致因理论。其中，具有代表性的事故致因理论有事故因果连锁理论、能量意外转移理论、基于人体信息处理的人失误事故模型、动态变化理论以及轨迹交叉理论等。

（一）事故因果连锁理论

1. 海因里希事故因果连锁理论

海因里希是最早提出事故因果连锁理论的人，他用该理论阐明导致伤亡事故的各种因素之间，以及这些因素与伤害之间的关系。该理论的核心思想是：

伤亡事故的发生不是一个孤立的事件，而是一系列原因事件相继发生的结果，即伤害与各原因相互之间具有连锁关系。海因里希提出的事故因果连锁过程包括如下五种因素：①遗传及社会环境（M）。遗传及社会环境是造成人的缺点的原因。遗传因素可能使人具有鲁莽、固执、粗心等对于安全来说属于不良的性格因素；社会环境可能妨碍人的安全素质培养，助长不良性格的发展。这种因素是因果链上最基本的因素。②人的缺点（P）。即由于遗传和社会环境因素所造成的人的缺点。人的缺点是使人产生不安全行为或造成物的不安全状态的原因。这些缺点既包括诸如鲁莽、固执、易过激、神经质、轻率等性格上的先天缺陷，也包括诸如缺乏安全生产知识和技能等的后天不足。③人的不安全行为或物的不安全状态（H）。这两者是造成事故的直接原因。海因里希认为，人的不安全行为是由于人的缺点而产生的，是造成事故的主要原因。④事故（D）。事故是一种由于物体、物质或放射线等对人体发生作用，使人员受到或可能受到伤害的、出乎意料的、失去控制的事件。⑤伤害（A）。即直接由事故产生的人身伤害。上述事故因果连锁关系，可以用五块多米诺骨牌来形象地加以描述。如果第一块骨牌倒下（即第一个原因出现），则发生连锁反应，后面的骨牌相继被碰倒（相继发生）。该理论积极的意义在于，如果移去因果连锁中的任一块骨牌，则连锁被破坏，事故过程被中止。海因里希认为，企业安全工作的中心就是要移去中间的骨牌——防止人的不安全行为或消除物的不安全状态，从而中断事故连锁的进程，避免伤害的发生。

2. 博德事故因果连锁理论

博德在海因里希事故因果连锁理论的基础上，提出了与现代安全观点更加吻合的事故因果连锁理论。博德的事故因果连锁过程同样为五个因素，但每个因素的含义与海因里希的都有所不同。①管理缺陷。对于大多数企业来说，完全依靠工程技术措施预防事故既不经济也不现实，只能通过完善安全管理工作，经过较大的努力，防止事故的发生。只要生产没有实现本质安全化，就有发生事故及伤害的可能性，因此，安全管理是企业管理的重要一环。由于安全管理上的缺陷，致使能够造成事故的其他原因不断出现。②个人及工作条件的原因。个人原因包括缺乏安全知识或技能，行为动机不正确，生理或心理有问题等；工作条件原因包括安全操作规程不健全，设备、材料不合适，以及存在温度、湿度、粉尘、气体、噪声、照明、工作场地状况等有害作业环境因素。只有找出并控制这些原因，才能有效地防止后续原因的发生，从而防止事故的发生。③直接原因。人的不安全行为或物的不安全状态是事故的直接原因。这种原因是安全管理中必须重点加以追究的原因。但是，直接原因只是一种表面现象，是深层次原因的表征。在实际工作中，不能停留在这种表面现象上，而要追究其背后隐藏的管理上的缺陷原因，并采取有效的控制措施，从根本上杜绝事故的发生。④事故。这里的事故被看做人体或物体与超过其承受阈值的能量接触，或人体与妨碍正常生理活动的物质的接触。因此，防止事故就是防止接触。可以通过对装置、材料、工艺等的改进来防止能量的释放，或者操作者提高识别和回避危险的能力，佩戴个人防护用具等来防止接触。⑤损失。人员伤害及财物损坏统称为损失。人员伤害包括工伤、职业病、精神创伤等。在许多情况下，可以采取恰当的措施使事故造成的损失最大限度地减小。

3. 亚当斯事故因果连锁理论

亚当斯提出了一种与博德事故因果连锁理论类似的因果连锁模型，该模型以表格的形式给出，如表 3–1 所示。在该理论中，事故和损失因素与博德理论相似。这里把人的不安全行为和物的不安全状态称作现场失误，其目的在于提醒人们注意不安全行为和不安全状态的性质。亚当斯理论的核心在于对现场失误的背后原因进行了深入的研究。操作者的不安全行为及生产作业中的不安全状态等现场失误，是由于企业领导和安技人员的管理失误造成的。管理人员在管理工作中的差错或疏忽，企业领导人的决策失误，对企业经营管理及安全工作具有决定性的影响。管理失误又由企业管理体系中的问题所导致，这些问题包括：如何有组织地进行管理工作，确定怎样的管理目标，如何计划、如何实施等。管理体系反映了作为决策中心的领导人的信念、目标及规范，它决定各级管理人员安排工作的轻重缓急、工作基准及指导方针等重大问题。

表 3–1 亚当斯事故因果连锁模型

管理体系	管理失误		现场失误	事故	伤害或损坏
目标 组织 机能	领导在下述方面决策失误或没作决策： 方针政策 目标 规范 责任 职级 考核 权限授予	安技人员在下述方面管理失误或疏忽： 行为 责任 权限范围 规则 指导 主动性 积极性 业务活动	不安全行为 不安全状态	伤亡事故 损坏事故 无伤害事故	对人 对物

4. 北川彻三事故因果连锁理论

前面几种事故因果连锁理论把考察的范围局限在企业内部。实际上，工业伤害事故发生的原因是很复杂的，一个国家或地区的政治、经济、文化、教育、科技水平等诸多社会因素，对伤害事故的发生和预防都有着重要的影响。北川彻三正是基于这种考虑，对海因里希的理论进行了一定的修正，提出了另一种事故因果连锁理论，如表 3–2 所示。

表 3–2　北川彻三事故因果连锁理论

基本原因	间接原因	直接原因		
学校教育的原因 社会的原因 历史的原因	技术的原因 教育的原因 身体的原因 精神的原因 管理的原因	不安全行为 不安全状态	事故	伤害

在北川彻三的事故因果连锁理论中，基本原因中的各个因素，已经超出了企业安全工作的范围。但是，充分认识这些基本原因因素，对综合利用可能的科学技术、管理手段来改善间接原因因素，达到预防伤害事故发生的目的，是十分重要的。

（二）能量意外转移理论

在生产过程中能量是必不可少的，人类利用能量做功以实现生产目的。人类为了利用能量做功，必须控制能量。在正常生产过程中，能量在各种约束和限制下，按照人们的意志流动、转换和做功。如果由于某种原因能量失去了控制，发生了异常或意外的释放，则称发生了事故。如果意外释放的能量转移到人体，并且其能量超过了人体的承受能力，则人体将受到伤害。

能量的种类有许多，如动能、势能、电能、热能、化学能、原子能、辐射能、声能和生物能等。人受到伤害都可以归结为上述一种或若干种能量的异常或意外转移。麦克法兰特（Mc Farland）认为，"所有的伤害事故都是因为：第一，接触了超过机体组织（或结构）抵抗力的某种形式的过量的能量；第二，有机体与周围环境的正常能量交换受到了干扰。因此，各种形式的能量是构成伤害的直接原因。"根据此观点，可以将能量引起的伤害分为两大类：第一类伤害是由于转移到人体的能量超过了局部或全身性损伤阈值而产生的。人体各部分对每一种能量的作用都有一定的抵抗能力，即有一定的伤害阈值。当人体某部位与某种能量接触时，能否受到伤害及伤害的严重程度如何，主要取决于作用于人体的能量大小。作用于人体的能量超过伤害阈值越多，造成伤害的可能性越大。第二类伤害则是由于影响局部或全身性能量交换引起的。例如，因物理因素或化学因素引起的窒息，因体温调节障碍引起的生理损害、局部组织损坏或死亡。能量转移理论的另一个重要概念是：在一定条件下，某种形式的能量能否产生人员伤害，除了与能量大小有关以外，还与人体接触能量的时间和频率、能量的集中程度、身体接触能量的部位等有关。

用能量转移的观点分析事故致因的基本方法是：首先确认某个系统内的所有能量源；然后确定可能遭受该能量伤害的人员，伤害的严重程度；进而确定控制该类能量异常或意外转移的方法。能量转移理论与其他事故致因理论相比，具有两个主要优点：一是把各种能量对人体的伤害归结为伤亡事故的直接原因，从而决定了以对能量源及能量传送装置加以控制作为防止或减少伤害发生的最佳手段这一原则；二是依照该理论建立的对伤亡事故的统计分类，是一种可以全面概括、阐明伤亡事故类型和性质的统计分类方法。能量转移理论的不足之处是：由于意外转移的机械能（动能和势能）是造成工业伤害的主要能量形式，这就使得按能量转移观点对伤亡事故进行统计分类的方法尽管具有理论上的优越性，然而在实际应用上却存在困难。它的实际应用尚有待于对机械能的分类作更加深入细致的研究，以便对机械能造成的伤害进行分类。

从能量意外转移的观点出发，预防伤亡事故就是防止能量或危险物质的意外释放，从而防止人体与过量的能量或危险物质接触。在工业生产中，经常采用的防止能量意外释放的措施有以下几种：①用较安全的能源替代危险大的能源。例如：用水力采煤代替爆破采煤，用液压动力代替电力等。②限制能量。例如：利用安全电压设备，降低设备的运转速度，限制露天爆破装药量等。③防止能量蓄积。例如：通过良好接地消除静电蓄积，采用通风系统控制易燃易爆气体的浓度等。④降低能量释放速度。例如：采用减振装置吸收冲击能量，使用防坠落安全网等。⑤开辟能量异常释放的渠道。例如：给电器安装良好的地线，在压力容器上设置安全阀等。⑥设置屏障。屏障是一些防止人体与能量接触的物体。屏障的设置有三种形式：第一，屏障被设置在能源上，如机械运动部件的防护罩、电器的外绝缘层、消声器、排风罩等；第二，屏障设置在人与能源之间，如安全围栏、防火门、防爆墙等；第三，由人员佩戴的屏障，即个人防护用品，如安全帽、手套、防护服、口罩等。⑦从时间和空间上将人与能量隔离。例如：道路交通的信号灯，冲压设备的防护装置等。⑧设置警告信息。

在很多情况下，能量作用于人体之前，并不能被人直接感知到，因此使用各种警告信息是十分必要的，如各种警告标志、声光报警器等。

（三）基于人体信息处理的人失误事故模型

这类事故理论都有一个基本的观点，即人失误会导致事故，而人失误的发生是由于人对外界刺激（信息）的反应失误造成的。

1. 威格里斯沃思模型

威格里斯沃思在1972年提出，人失误构成了所有类型事故的基础。他把人失误定义为“（人）错误地或不适当地响应一个外界刺激”。他认为，在生产操作过程中，各种各样的信息不断地作用于操作者的感官，给操作者以“刺激”。若操作者能对刺激做出正确的响应，事故就不会发生；反之，如果错误或不恰当地响应了一个刺激（即人失误），就有可能出现危险。危险是否会带来伤害事故，则取决于一些随机因素。威格里斯沃思的事故模型可以用图3–1所示的流程关系来表示。该模型绘出了人失误导致事故的一般模型。

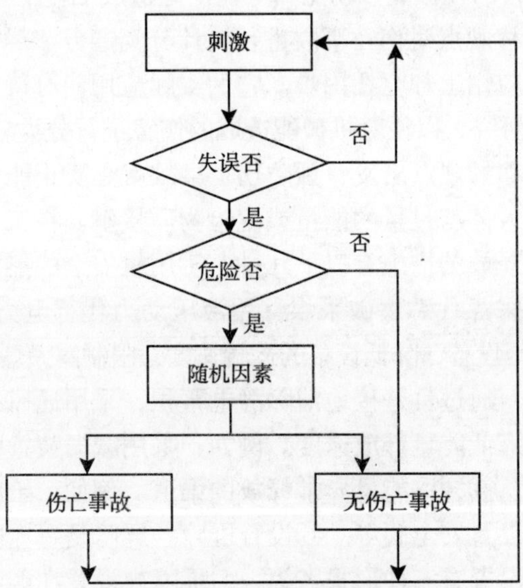

图3–1　威格里斯沃思事故模型

2. 瑟利模型

瑟利把事故的发生过程分为危险出现和危险释放两个阶段，这两个阶段各自包括一组类似人的信息处理过程，即知觉、认识和行为响应过程。在危险出现阶段，如果人的信息处理的每个环节都正确，危险就能被消除或得到控制；反之，只要任何一个环节出现问题，就会使操作者直接面临危险。在危险释放阶段，如果人的信息处理过程的各个环节都是正确的，则虽然面临着已经显现出来的危险，但仍然可以避免危险释放出来，不会带来伤害或损害；反之，只要任何一个环节出错，危险就会转化成伤害或损害。瑟利模型如图 3–2 所示。

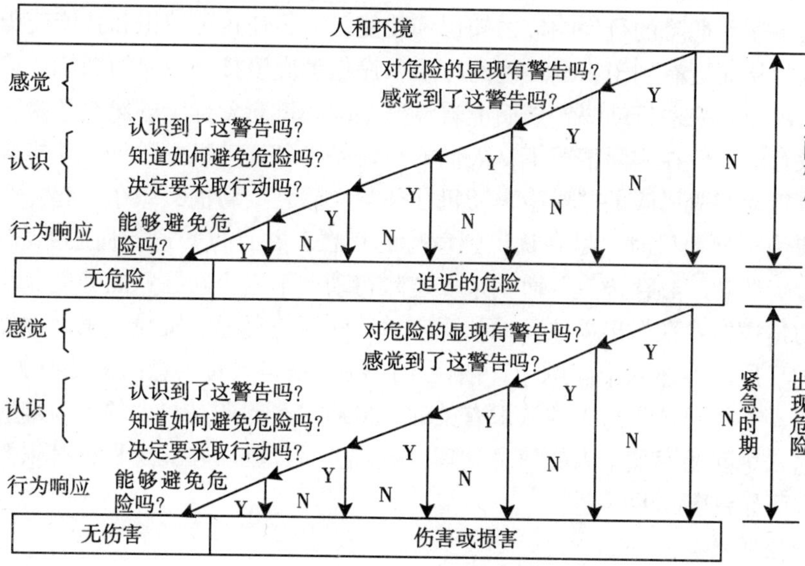

图 3–2　瑟利事故模型

由图 3–2 可以看出，两个阶段具有相类似的信息处理过程，每个过程均可被分解成六个方面的问题。下面以危险出现阶段为例，分别介绍这六个方面问题的含义。

第一个问题：对危险的显现有警告吗？这里警告的意思是指工作环境中是否存在安全运行状态和危险状态之间可被感觉到的差异。如果危险没有带来可被感知的差异，则会使人直接面临该危险。在生产实际中，危险即使存在，也并不一定直接显现出来。这一问题给我们的启示，就是要让不明显的危险状态充分显示出来，这往往要采用一定的技术手段和方法来实现。第二个问题：感觉到了这警告吗？这个问题有两个方面的含义：一是人的感觉能力如何，如果人的感觉能力差，或者注意力在别处，那么即使有足够明显的警告信号，也可能未被察觉；二是环境对警告信号的“干扰”如何，如果干扰严重，则可能妨碍对危险信息的察觉和接受。根据这个问题得到的启示是，感觉能力存在个体差异，提高感觉能力要依靠经验和训练，同时训练也可以提高操作者抗干扰的能力；在干扰严重的场合，要采用能避开干扰的警告方式或加大警告信号的强度。第三个问题：认识到了这警告吗？这个问题问的是操作者在感觉到警告之后，是否理解了警告所包含的意义，即操作者将警告信息与自己头脑中已有的知识进行对比，从而识别出危险的存在。第四个问题：知道如何避免危险吗？问的是操作者是否具备避免危险的行为响应的知识和技能。为了使这种知识和技能变得完善和系统，从而更有利于采取正确的行动，操作者应该接受相应的训练。第五个问题：决定要采取行动吗？表面上看，这个问题毋庸置疑，既然有危险，当然要采取行动。但在实际情况下，人们的行动是受各种动机中的主导动机驱使的，采取行动回避风险的"避险"动机往往与"趋利"动机交织在一起。当趋利动机成为主导动机时，尽管认识到危险的存在，并且也知道如何避免危险，但操作者仍然会"心存侥幸"而不采取避险行动。第六个问题：能够避免危险吗？问的是操作者在做出采取行动的决定后，是否能迅速、敏捷、正确地做出行动上的反应。上述六个问题中，前两个问题都是与人对信息的感觉有关的，第三、四、五个问题是与人的认识有关的，最后一个问题是与人的行为响应有关的。这六个问题涵盖了人的信息处理全过程并且反映了在此过程中有很多发生失误进而导致事故的机会。

3. 劳伦斯模型

劳伦斯在威格里斯沃思和瑟利等人的人失误模型的基础上，通过对南非金矿中发生的事故的研究，于 1974 年提出了针对金矿企业以人失误为主因的事故模型。如图 3–3 所示，该模型对一般矿山企业和其他企业中比较复杂的事故情况也普遍适用。在生产过程中，当危险出现时，往往会产生某种形式的信息，向人们发出警告，如突然出现或不断扩大的裂缝、异常的声响、刺激性的烟气等。这种警告信息叫做初期警告。初期警告还包括各种安全监测设施发出的报警信号。如果没有初期警告就发生了事故，则往往是由于缺乏有效的监测手段，或者是管理人员事先没有提醒人们存在危险因素，行为人在不知道危险存在的情况下发生的事故，属于管理失误造成的。在发出了初期警告的情况下，行为人在接受、识别警告，或对警告做出反应等方面的失误都可能导致事故。当行为人发生对危险估计不足的失误时，如果他还是采取了相应的行动，则仍然有可能避免事故；反之，如果他麻痹大意，既对危险估计不足，又不采取行动，则会导致事故的发生。这里，行为人如果是管理人员或指挥人员，则低估危险的后果将更加严重。矿山生产作业往往是多人作业、连续作业。行为人在接受了初期警告、识别了警告并正确地估计了危险性之后，除了自己采取恰当的行动避免伤害事故外，还应该向其他人员发出警告，提醒他们采取防止事故的措施。这种警告叫做二次警告。其他人接到二次警告后，也应该按照正确的方式对警告加以响应。

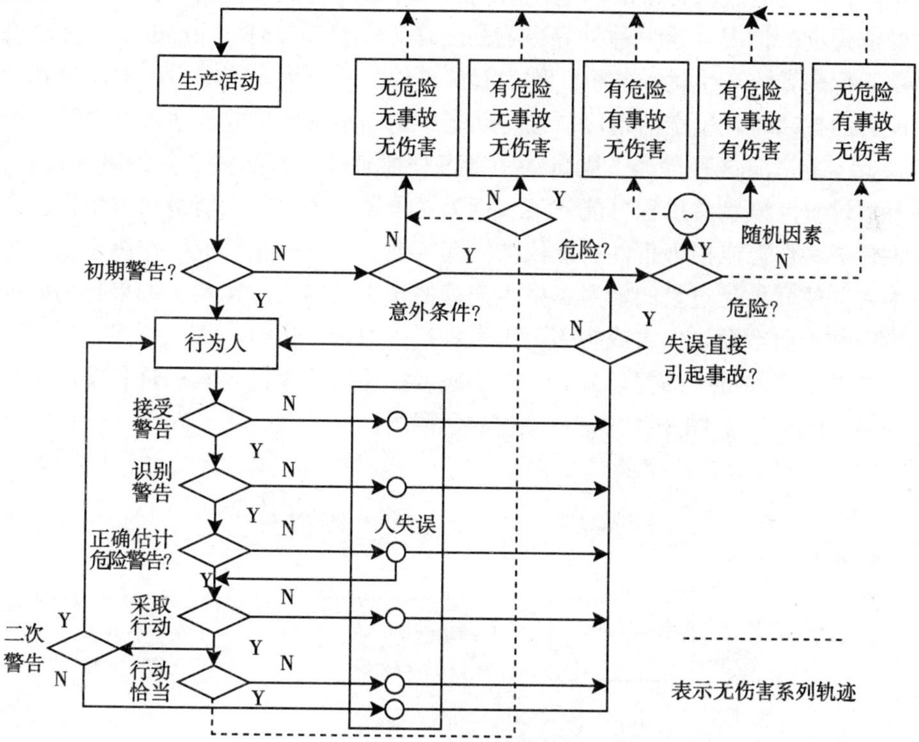

图 3–3　劳伦斯事故模型

（四）动态变化理论

1. 扰动起源事故理论

本尼尔认为，事故过程包含着一组相继发生的事件。这里，事件是指生产活动中某种发生了的事情，如一次瞬间或重大的情况变化，一次已经被避免的或导致另一事件发生的偶然事件等。因而，可以将生产活动看做一个自觉或不自觉地指向某种预期的或意外的结果的事件链，它包含生产系统元素间的相互作用和变化着的外界的影响。由事件链组成的正常生产活动，是在一种自动调节的动态平衡中进行的，在事件的稳定运行中向预期的结果发展。事件的发生必然是某人或某物引起的，如果把引起事件的人或物称为“行为者”，而其动作或运动称为“行为”，则可以用行为者及其行为来描述一个事件。在生产活动中，如果行为者的行为得当，则可以维持事件过程稳定地进行；否则，可能中断生产，甚至造成伤害事故。生产系统的外界影响是经常变化的，可能偏离正常的或预期的情况。这里称外界影响的变化为“扰动”（Perturbation）。扰动将作用于行为者。产生扰动的事件称为起源事件。当行为者能够适应不超过其承受能力的扰动时，生产活动可以维持动态平衡而不发生事故。如果其中的一个行为者不能适应这种扰动，则自动平衡过程被破坏，开始一个新的事件过程，即事故过程。该事件过程可能使某一行为者承受不了过量的能量而发生伤害或损害，这些伤害或损害事件可能依次引起其他变化或能量释放，作用于下一个行为者并使其承受过量的能量，发生连续的伤害或损害。当然，如果行为者能够承受冲击而不发生伤害或损害，则事件过程将继续进行。综上所述，可以将事故看做由事件链中的扰动开始，以伤害或损害为结束的过程。这种事故理论也叫做“P 理论”。图 3-4 为这种理论的示意图。

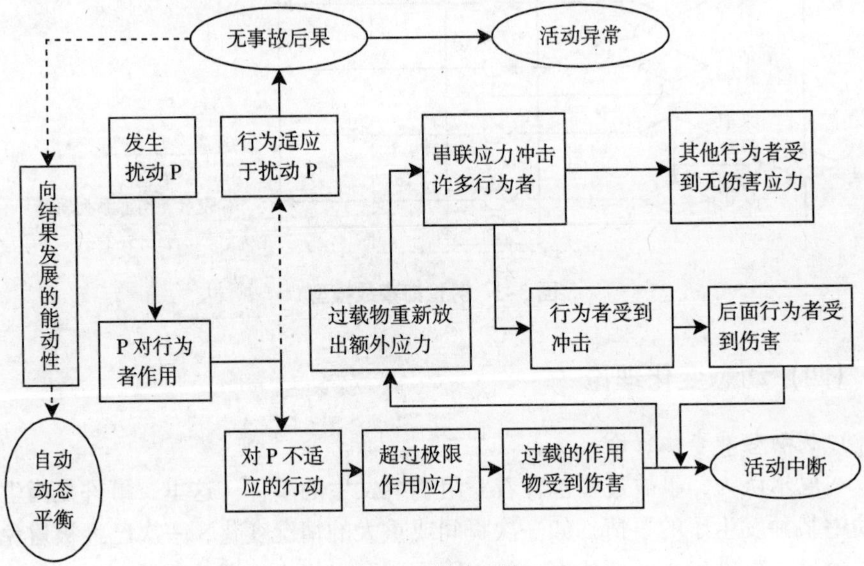

图 3-4 扰动理论

2. 变化—失误理论

约翰逊认为，事故是由意外的能量释放引起的，这种能量释放的发生是由于管理者或操作者没有适应生产过程中物的或人的因素的变化，产生了计划错误或人为失误，从而导致不安全行为或不安全状态，破坏了对能量的屏蔽或控制，即发生了事故，由事故造成生产过程中人员伤亡或财产损失。图 3-5 为约翰逊的变化—失误理论示意图。

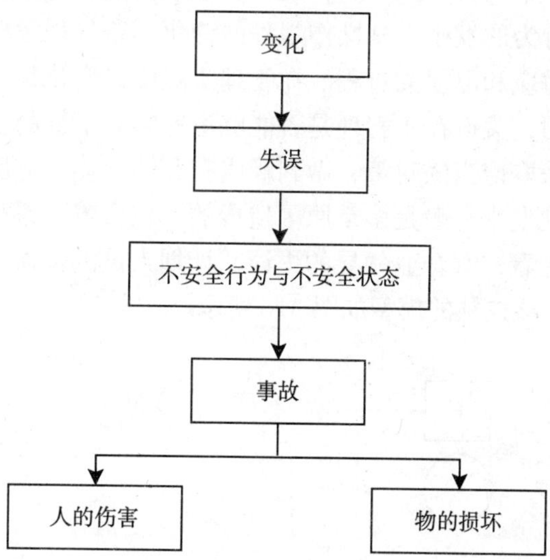

图 3-5　变化—失误理论

按照变化的观点，变化可引起人失误和物的故障。因此，变化被看做是一种潜在的事故致因，应该被尽早地发现并采取相应的措施。作为安全管理人员，应该对下述的一些变化给予足够的重视。①企业外部社会环境的变化。企业外部社会环境，特别是国家政治或经济方针、政策的变化，对企业的经营理念、管理体制及员工心理等有较大影响，必然也会对安全管理造成影响。②企业内部的宏观变化和微观变化。宏观变化是指企业总体上的变化，如领导人的变更，经营目标的调整，职工大范围的调整、录用，生产计划的较大改变等。微观变化是指一些具体事物的改变。③计划内与计划外的变化。对于有计划进行的变化，应事先进行安全分析并采取安全措施；对于不是计划内的变化，一是要及时发现变化，二是要根据发现的变化采取正确的措施。④实际的变化和潜在的变化。通过检查和观测可以发现实际存在的变化；潜在的变化却不易发现，往往需要靠经验和分析研究才能发现。⑤时间的变化。随着时间的流逝，人员对危险的戒备会逐渐松弛，设备、装置性能会逐渐劣化，这些变化与其他方面的变化相互作用，引起新的变化。⑥技术上的变化。采用新工艺、新技术或开始新工程、新项目时发生的变化，人们由于不熟悉而易发生失误。⑦人员的变化。这里主要指员工心理、生理上的变化。人的变化往往不易掌握，因素也较复杂，需要认真观察和分析。⑧劳动组织的变化。当劳动组织发生变化时，可能引起组织过程的混乱，如项目交接不好，造成工作不衔接或配合不良，进而导致操作失误和不安全行为的发生。⑨操作规程的变化。新规程替换旧规程以后，往往要有一个逐渐适应和习惯的过程。在管理实践中，变化是不可避免的，也并不一定都是有害的，关键在于管理是否能够适应客观情况的变化。要及时发现和预测变化，并采取恰当的对策，做到顺应有利的变化，克服不利的变化。约翰逊认为，事故的发生一般是多重原因造成的，包含着一系列的变化—失误连锁。从管理层次上看，有企业领导的失误、计划人员的失误、监督者的失误及操作者的失误等。该连锁的模型如图 3-6 所示。

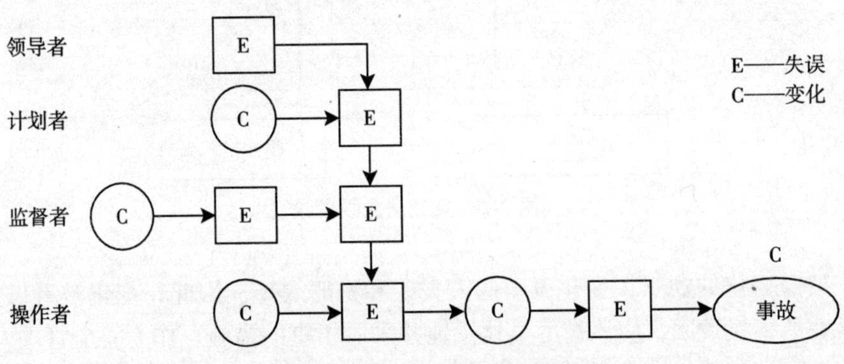

图 3-6　变化—失误连锁模型

（五）轨迹交叉理论

轨迹交叉理论的基本思想是，伤害事故是许多相互联系的事件顺序发展的结果。这些事件概括起来不外乎人和物（包括环境）两大发展系列。当人的不安全行为和物的不安全状态在各自发展过程中（轨迹），在一定时间、空间发生了接触（交叉），能量转移于人体时，伤害事故就会发生。而人的不安全行为和物的不安全状态之所以产生和发展，又是受多种因素作用的结果。轨迹交叉理论的示意图如图 3–7 所示。起因物与致害物可能是不同的物体，也可能是同一个物体；同样，肇事者和受害者可能是不同的人，也可能是同一个人。

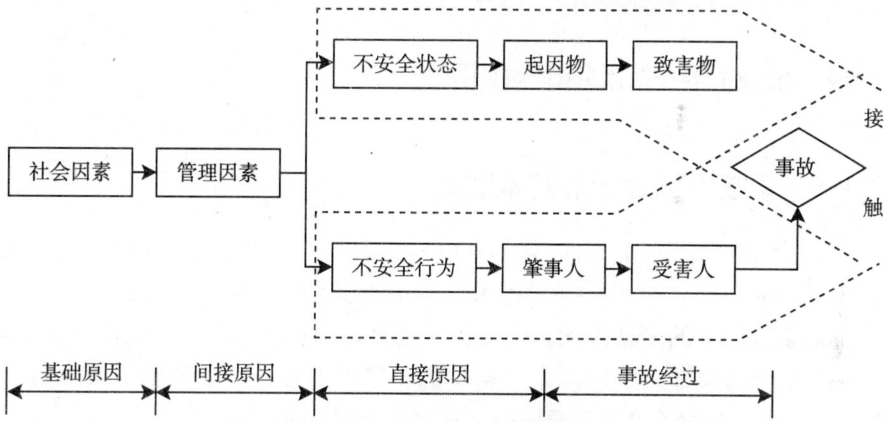

图 3–7　轨迹交叉事故模型

轨迹交叉理论反映了绝大多数事故的情况。在实际生产过程中，只有少量的事故仅仅由人的不安全行为或物的不安全状态引起，绝大多数的事故是与二者同时相关的。在人和物两大系列的运动中，二者往往是相互关联、互为因果、相互转化的。有时人的不安全行为促进了物的不安全状态的发展，或导致新的不安全状态的出现；而物的不安全状态可以诱发人的不安全行为。因此，事故的发生可能并不是如图 3–7 所示的那样简单地按照人、物两条轨迹独立地运行，而是呈现较为复杂的因果关系。人的不安全行为和物的不安全状态是造成事故的表面的直接原因，如果对它们进行更进一步的考虑，则可以挖掘出二者背后深层次的原因。这些原因如表 3–3 所示。

表 3–3　事故发生的原因

基础原因（社会原因）	间接原因（管理缺陷）	直接原因
遗传、经济、文化、教育培训、民族习惯、社会历史、法律	生理和心理状态、知识技能情况、工作态度、规章制度、人际关系、领导水平	人的不安全行为
设计、制造缺陷、标准缺乏	维护保养不当、保管不良、故障、使用错误	物的不安全状态

轨迹交叉理论作为一种事故致因理论，强调人的因素和物的因素在事故致因中占有同样重要的地位。按照该理论，可以通过避免人与物两种因素运动轨迹交叉，来预防事故的发生。

四、事故致因理论的指导作用

（一）事故致因理论的基本观点

(1) 工伤事故的发生是偶然的、随机的现象，然而又有其必然的统计规律性。事故的发生是许多事件互为因果、一步步组合的结果。事故致因理论揭示出了导致事故发生的多种因素，以及它们之间的相互联系和彼此的影响。

(2) 由于产生事故的原因是多层次的，所以不能把事故原因简单地归咎为"违章"二字。必须透过现象看本质，从表面的原因追踪到各个深层次，直到本质的原因。只有这样，才能彻底认识事故发生的机理，真正找到防止事故的有效对策。

(3) 事故致因的多种因素的组合，可以归结为人和物两大系列的运动。人、物系列轨迹交叉，事故就会发生。应该分别研究人和物两大系列的运动特性，追踪人的不安全行为和物的不安全状态，研究物都受到哪些因素的作用，以及人、物之间的互相匹配方面的问题。

(4) 人和物的运动都是在一定的环境（自然环境和社会环境）中进行的，因此，追踪人的不安全行为和物的不安全状态应该和对环境的分析研究结合起来进行。弄清环境对人产生不安全行为、对物产生不安全状态都有哪些影响。

(5) 人、物、环境都是受管理因素支配的。人的不安全行为和物的不安全状态是造成伤亡事故的直接原因，管理不科学和领导失误才是本质原因。防止事故发生归根结底应该从改进管理做起。

（二）事故致因理论对防止发生事故的启示

根据事故致因理论可知事故的发生是人和物两大系列轨迹交叉的结果。因此，防止发生事故的基本原理就是使人和物的运动轨迹中断，使二者不能交叉。具体地说，如果排除了机械设备或处理危险物质过程中的隐患，消除了物的不安全状态，就砍断了物的系列的连锁；如果加强了对人的安全教育和技能训练，进行科学的安全管理，从生理心理和操作上控制住不安全行为的产生，就砍断了人的系列的连锁。这样，人、物两系列轨迹则不会相交，伤害事故就可以得到避免。在上述连锁中，砍断人的系列的连锁无疑是非常重要的，应该给予充分的重视。首先，要对人员的结构和素质情况进行分析，找出容易发生事故的人员层次和个人以及最常见的人的不安全行为。然后，在对人的生理、心理进行检查测验的基础上合理选配人员。从研究行为科学出发，加强对人的教育、训练和管理，提高生理、心理素质，增强安全意识，提高安全操作技能，从而在最大限度上减少、消除不安全行为。人有自由意志，容易受环境的干扰和影响，生理、心理状态不稳定，其安全可靠性是比较差的，往往会由于一些偶然因素而产生事先难以预料和防止的错误行动。因此，必须下大力气致力于砍断物的系列的工作。与克服人的不安全行为相比，消除物的不安全状态对于防止事故和职业危害具有更加根本的意义。

为了消除物的不安全状态，应该把落脚点放在提高技术装备（机械设备、仪器仪表、建筑设施等）的安全化水平上。技术装备安全化水平的提高也有助于安全管理的改善和人的不安全行为的防止。可以说，在一定程度上，技术装备的安全化水平决定了工伤事故和职业病的概率水平。

人、物轨迹交叉是在一定环境条件下进行的，因此除了人和物外，为了防止事故和职业危害，还应致力于作业环境的改善。此外，还应开拓人机工程的研究，解决好人、物、环境的合理匹配问题，使机器设备、设施的设计、环境的布置、作业条件、作业方法的安排等符合人的生理、心理条件的要求。

人、物、环境的因素是造成事故的直接原因，管理是事故的间接原因，但却是本质原因。对人和物的控制，对环境的改善，归根结底都有赖于管理，关于人和物的事故防止措施归根结底都是管理方面的措施。必须极大地关注管理的改进，大力推进安全管理的科学化、现代化。应该对安全管理的状况全面系统地调查分析，找出管理上存在的薄弱环节，在此基础上确定从管理上预防事故的措施。

第三节　煤矿危险源的辨识

在矿山企业中发生的严重灾害事故告诫人们，由于矿山企业生产的规模集中、设备庞大、井下生产条件差、工作环境特殊，特别是在生产过程中存在大量的高能量物质和不安全的力量集中带（如瓦斯、煤尘、顶底板等），一旦这些能量物质和力量意外释放，将无疑造成巨大的人员伤亡和经济损失。要预防和控制这些矿山企业生产事故的发生，必须做好矿山重大危险源的辨识、评价和控制工作。矿山重大危险源的评价工作是以危险源的辨识工作为基础和条件的，如果没有辨识出矿山危险源，就无法进行矿山重大危险源的评价工作，更谈不上进行矿山重大危险源的控制和管理工作。

20 世纪 70 年代以来，预防重大工业事故已经成为各国社会、经济和技术发展的重要研究对象之一，引起了国际社会的广泛重视，并随之产生了“危险源”、“重大危险源”等概念。危险源即可能造成事故发生的生产装置、设施或场所，是事故发生的根源。1993 年 6 月，第 80 届国际劳工大会通过的《预防重大工业事故公约》将“重大事故”定义为：在重大危害设施内的一项活动工程中出现的突发性的事故，其中涉及一种或多种危险物质，并导致对工人、公众或环境造成即刻的或持续的严重危害。重大危险源（Major Hazard）的概念源自重大工业事故（Major Accident），是指可能导致重大事故的危险源。在我国“八五”攻关课题《重大危险源辨识评价技术》研究成果的报告中，将重大危险源定义为：“长期或临时地生产、加工、搬运、使用或储存危险物质，且危险物质的数量等于或超过临界量的单元”。

煤矿行业中把重大危险源定义为：可能导致煤矿重大事故的设施或场所。煤矿重大危险源在其内涵及外延上与其他工业领域的重大危险源有着很大的不同，煤矿重大危险源的特性如下：

(1) 煤矿重大事故波及范围一般局限于矿井内部。

(2) 在煤矿重大事故中，导致人员和财产重大损失的根源，既有井下采掘系统内的危险物质与能量，如瓦斯、自然的煤、爆炸性的煤尘，也有系统外的失控的能量和物质等，如大面积冒顶事故中具有很大势能的岩石、透水事故中有很大压力的地下水和地表水。

(3) 煤矿重大危险源是动态变化的。随着工作面的推进，采区的接替，水平的延伸，不仅井下工作地点发生了变化，而且地质条件、通风状况、工作环境等都有可能发生改变，进而可能使危险源的风险等级发生改变。

(4) 煤矿重大危险源的危险物质和能量在很多情况下是逐渐积聚或叠加的。例如，在通风不良的情况下，瓦斯浓度可以由 0 积聚到瓦斯爆炸下限 5%，甚至到燃烧浓度 16%以上；老采空区废旧巷道的积水，回采工作面的矿山压力的逐步增大等。

根据煤矿重大危险源的定义与特性，可以看出煤矿重大危险源与工业领域的危险源有着较大的不同。煤矿重大危险源很难由某种危险物质或能量的一个临界量来完全判定。例如，评价一个煤矿是否是瓦斯爆炸事故的重大危险源，不能仅根据煤矿井下瓦斯的某一临界量指标判定，因为只要是瓦斯矿井，就有可能发生瓦斯爆炸，一旦发生瓦斯爆炸事故，后果将是灾难性的。因此，可以说，只要是瓦斯矿井，不管是高瓦斯矿井还是低瓦斯矿井，都可以判定为瓦斯爆炸事故重大危险源，其差别会反映在风险等级的不同上。因此，煤矿重大危险源的辨识必须依据其定义着重考虑煤矿存在的重大事故危险类别，而将存在的危险物质及其数量作为参考因素。从这一角度出发，煤矿重大危险源的辨识，主要是辨识煤矿可能发生的各类重大事故。煤矿瓦斯爆炸事故、火灾事故、顶板事故、透水事故、煤尘爆炸事故等都会产生灾难性的后果。因此，只要一个煤矿存在瓦斯爆炸事故危险性，就可以确定为瓦斯爆炸重大危险源，存在火灾事故危险性，就可以确定为火灾重大危险源，其他依次类推。也就是说，只要存在发生某种重大事故的危险性或可能性，即可定为该种事故的重大危险源。

煤矿井下生产系统是由人—机—环境构成的、空间分布极其复杂的灾害系统。根据煤矿安全的研究和理论分析，顶板、瓦斯、水害、煤尘爆炸、火灾事故发生的次数多，并且每次造成的人员伤亡、财产损失巨大。因此，把煤矿危险源系统划分为五个重大危险源。

一、危险源辨识

危险源辨识（Hazard Identification）是发现、识别系统中危险源的工作。这是一项非常重要的工作，它是危险源控制的基础，只有辨识了危险源之后才能有的放矢地考虑如何采取措施控制危险源。

以前，人们主要根据以往的事故经验进行危险源辨识工作。例如，美国的海因里希建议通过与操作者交谈或到现场检查，查阅以往的事故记录等方式发现危险源。由于危险源是“潜在的”不安全因素，比较隐蔽，所以危险源辨识是一件非常困难的事情。在系统比较复杂的场合，危险源辨识工作更加困难，需要利用专门的方法，还需要许多知识和经验。进行危险源辨识所必需的知识和经验主要有：

（1）关于对象系统的详细知识，诸如系统的构造、系统的性能、系统的运行条件、系统中能量、物质和信息的流动情况。

(2) 与系统设计、运行、维护等有关的知识、经验和各种标准、规范、规程等。

(3) 关于对象系统中的危险源及其危害方面的知识。

重大危险源辨识主要包括：

(1) 重大危险源的特性。主要是根据所要进行辨识的对象的特性，即可能引发的事故类型以及引发事故后的伤害和破坏特性来进行分析和研究。

(2) 重大危险源辨识的依据。主要包括：①大量事故的统计资料；②具体工矿企业的生产实际情况；③专家的经验和智慧；④可靠的理论知识。

(3) 重大危险源辨识的标准。主要包括：①某物质为重大危险源的量允许超过的数量标准。如果危险物质达不到一定的数量，则无论其威力有多大，也不能够视为重大危险源。②引起该危险源事故的相互作用的因素（触发型危险源）的多少。对于这些危险物质发生事故而言，引起该事故的因素的多寡，也是判断其是否为重大危险源的主要因素之一。③发生事故的次数。某类危险物质的事故次数不仅能够说明该危险物质的难控制性，同时也能够说明危险性。④发生事故时的伤亡情况。伤亡情况是说明事故严重性的最好指标，也是判断其是否为重大危险源的最好指标。⑤造成的经济损失。判断事故的严重程度最终指标是看事故所造成的经济损失有多大，这是矿山企业最为关心的。⑥事故后处理和恢复生产的难易程度。事故发生后，对事故的处理和恢复生产的间断时间，都是衡量事故所带来的影响及灾情的直接指标，也是衡量其经济损失的有力指标。

煤矿重大危险源的辨识工作必须遵循一定的原则，才能做到系统、客观、全面，具体来说，应遵循的基本原则如下：

(1) 科学性原则。危险源的辨识是分辨、识别、分析确定系统内存在的危险，而并非研究防止事故发生或控制事故发生的实际措施。它是预测安全状态和事故发生途径的一种手段，这就要求进行危险源辨识必须要有科学的安全理论做指导，使之能真正揭示系统安全状况、危险源存在的部位、存在的方式、事故发生的途径及其变化的规律，并予以准确描述，以定性、定量的概念清楚地显示出来，用严密的合乎逻辑的理论予以清楚解释。

(2) 系统性原则。危险源存在于生产活动的各个方面，因此要对系统进行全面、详细的剖析，研究系统和子系统之间的相关和约束关系，分清主要危险源和次要危险源。

(3) 全面性原则。辨识危险源时不要发生遗漏，以免留下隐患。要从自然条件、机械设备、开采工艺、管理系统等各方面进行分析、辨识。

（4）预测性原则。对于重大危险源，还要分析其触发事件，亦即危险源出现的条件或设想的事故模式。

二、煤矿危险源辨识

（一）煤矿事故频发的原因

在煤矿事故原因分析中，事故致因理论认为，事故之所以发生，是因为生产过程中存在不安全因素和众多的社会因素及环境条件。人的不安全行为可以促成物的不安全状态，而物的不安全状态又会在客观上造成人出现不安全行为的条件。隐患是由物的不安全状态和管理上的缺陷共同作用的结果，客观上一旦出现隐患，再加上人主观上的不安全行为，就会立即导致事故的发生。具体来说，造成事故频繁发生的主要原因有以下几点：

（1）本质原因。煤矿事故致因理论强调指出，管理失误是导致煤矿事故发生的最本质原因。在煤矿生产安全管理过程中，管理包括两部分：企业内部管理和企业外部管理。企业内部管理的失误主要体现在企业没有建立行之有效的安全管理制度和各项规章制度，未能及时发现潜在的安全生产事故隐患并消除各种隐患。企业外部管理的失误主要体现在我国煤矿安全生产监管机构自身建设尚有不完善之处，在执法过程中出现管理乏力、管理不到位的问题，从而难以充分发挥其监督和管理的作用。

（2）直接原因。人的不安全行为及物的不安全状态是我国煤矿事故的直接原因。人的不安全行为可以促成物的不安全状态，而物的不安全状态又会在客观上造成人出现不安全行为的条件。同时，隐患是物的不安全状态和管理上的缺陷共同作用的结果，客观上一旦出现隐患，人主观上又表现了不安全行为就会立即导致事故的发生。

（3）间接原因。煤矿事故发生的间接原因包括：井下生产作业系统、地面操作指挥系统、外在环境系统、自然环境和社会环境等的相互影响。如煤矿瓦斯大、水文地质条件复杂、照明不良、噪声过大、通风不畅等。另外，一些煤矿企业为了提高产量，盲目增设作业面，造成矿井整体布局不合理，作业环境复杂，一旦发生事故，工人难以迅速撤出矿井，救护队也难以实施有效的应急救援，往往造成事故损失的扩大化。同时，我国小煤矿、小矿井分布多，乱挖滥采现象比较严重，使煤矿作业环境进一步恶化，煤矿事故发生的概率大大增加。

(二) 煤矿危险源的分类

煤矿企业生产条件复杂，受井下各种条件的限制，存在大量的危险源，根据是否由于自身原因而产生事故可分为静态危险源和动态危险源。

静态危险源又称为固有危险源（第1类危险源），即生产系统中客观存在的各种能量的物质，它们是系统危险和事故的内因，是造成灾害的决定因素，主要考虑与危险物质有关的设备、设施。由于自身设计原因易产生事故的设备、系统等，涉及本质安全化问题，其控制更多地依赖于技术、工艺水平。静态危险源包括物理危险源、化学危险源、电气危险源、机械危险源和其他危险源，例如煤矿机械、瓦斯、煤尘等。动态危险源又称为触发危险源（第2类危险源），即固有型危险源正常存在的条件遭到破坏的各种硬件和软件保障系统故障，主要考虑由于人的不安全行为、环境的变化或其他因素触发易产生事故的设备、器械、系统等，是引发固有型危险源能量失控的外在因素，是危险源预控管理的主要对象，例如监察管理、职工技能、通风系统的可靠性等。

(三) 煤矿危险源的特点

(1) 煤矿危险源是动态变化的，非线性的。

(2) 煤矿危险源的危险物质和能量在很多情况下是逐渐积聚和叠加的。

(3) 煤矿危险源相互之间具有一定的耦合性。

(四) 煤矿危险源的辨识方法

按照煤炭生产的流程可以划分为六个单元：主副井及井底车场、大巷（包括井底煤仓、水仓、井下炸药库等）、采煤工作面、掘进工作面、回风井及地面风机房、地面变电所。

对危险源的辨识方法有安全检查表，危险性预先分析法（PHA），因果分析，事件树分析法（ETA），事故树分析法（FTA）等。

第四章　本质安全管理理论与方法

第一节　本质安全的概念及内涵

一、安全与安全的相对性

“安全”一词的含义，从字面上看，就是“无危则安，无损则全”。安全就是没有危险，不发生事故、灾害，不造成损失、伤害。亦即在外界不利因素的作用下，使人的躯体及生理功能免受损伤、毒害和威胁，以及使人不感到惊恐、害怕，并能使人健康、舒适、高效率地工作和生活，参与各种社会活动的存在状态（一种有组织、有序的状态），另外，也指能防止各种灾害、损伤、破坏发生的物质的、精神的或与物质相联系的客观保障因素和条件。换句话说，人的身心存在的安全状态及其事物保障的安全条件构成了安全的整体。安全，主要是指人的身心免受外界（不利）因素影响的存在状态（包括健康状况）及其保障条件。

从整体的观点来看，安全系统有四个方面的构成要素。

（1）人，即人的安全素质（心理与生理素质、安全能力素质、文化素质）。

（2）物，即设备与环境的安全可靠性（设计安全性、制造安全性、使用安全性）。

（3）能量，生产过程能的安全作用（能的有效控制）。

（4）信息，充分可靠的安全信息流（管理效能的充分发挥）是安全的基础保障。

对安全系统要素的认识，对指导我们通过打破事故系统来预测和预防事故，从而保障人类生产与生活中的安全具有重要的现实意义。因为，无伤害、无损失、无事故灾害发生，这些只能说是安全的表征，而安全的本质在于对危险的预测和分析，并控制、消除危险。

安全具有明确的对象，有严格的时间、空间界限。安全具有相对性：世界上只有相对安全，没有绝对安全；只有暂时的安全，没有永恒的安全。因为任何装置（物）都存在着某些危险性或某些潜在的危险物因素，人的认识能力、判断能力和控制能力总是有限的，所以那种理想化的绝对安全是不存在的，而只是一种可以无限逼近的“极限”。在一定的时间、空间下，人们只能追求“最适安全”。就是在一定的时间、空间内，在有限的经济、科技能力状况下，在一定的生理条件和心理素质条件下，通过创造或控制事故、灾害发生的条件来减小事故、灾害发生的概率和规模，将事故、灾害的损失控制在尽可能低的限度内，求得尽可能高的安全度（或者是大多数人允许和可以接受的安全度）。社会把能够满足大多数人安全需要的最低危险度定为安全指标，只要事故率低于此指标，人们就认为是安全的。在不同的社会里、不同的技术条件下、不同的经济环境中，安全指标往往是不同的，随着经济、社会的发展变化，该指标会不断提高。所以，可以认为，安全，也就是使人们免遭不可接受和承受的危险伤害的状态和条件。

安全分为狭义安全和广义安全。狭义安全是指某一领域或系统中的安全，如生产安全、机械安全、矿业安全、交通安全、消防安全、航空安全、建筑安全、核工业安全等，狭义安全具有技术安全的含义，即人们通常所说的某一领域或系统中的安全技术问题。广义安全，即大安全，是以某一领域或系统为主的技术安全扩展到生活安全与生产安全领域，形成生产、生活、生存领域的大安全，广义安全是全民、全社会的安全。

二、本质安全概念的诠释

本质安全的理念产生于第二次世界大战之后，自20世纪中叶以来逐渐成为许多工业发达国家的主流安全理念。一般意义上的本质安全，是指相对于依靠对人的管理实现的安全，工艺过程、机械设备、装置等生产条件的安全才是本质上的安全。这涉及对人和物在事故致因中地位的认识、涉及如何采取措施防止事故发生，以及谁应该对事故负责等一系列重大认识问题。本质安全主张通过工程技术措施消除、控制系统中的危险源，创造安全的生产作业条件。这就要求企业采用先进的、安全的生产工艺、机械设备、装置等，为操作者提供安全的生产作业条件。企业必须承担主要的安全生产责任，保证足够的安全投入以提高企业的本质安全程度。

目前，国内比较重视本质安全研究的几个行业，例如交通、电力、石油和煤炭业等，都给出了具有代表性的本质安全定义，虽然大家都使用同一个词组，但是不同行业在本质安全定义上还没有形成统一的认识，它们所提的本质安全范畴各不相同，有的甚至相去甚远，引起种种误解。

我国煤炭行业中所说的本质安全，其实是指安全管理理念的变化。即煤矿发生事故是偶然的，不发生事故是必然的，这就是“本质安全”。

由此可见，关于本质安全的定义，从客观上来说还停留在关于本质安全的表层意思理解，也就是所谓的外在本质安全，虽然也提到系统和谐、系统可靠性、人的观念变化、人的自由度以及事故超前预防，但还没有触及本质安全的核心内容，即本质安全的和谐交互性，系统本质安全是通过微观层面的和谐交互以达到系统整体的和谐所取得的，本质安全形成应该是由外而内的，最终通过文化交互的和谐性而达到系统的内在本质安全性。

许正权等根据交互式安全管理理论，认为社会技术系统事故正是成因于其内外部交互作用的不和谐性。他们认为所谓本质安全，是指运用组织架构设计、技术、管理、规范及文化等手段在保障人、物及环境的可靠前提下，通过合理配置系统在运行过程中的基本交互作用、规范交互作用及文化交互作用的耦合关系，实现系统的内外在和谐性，从而达到设备可靠、管理全面、系统安全及安全文化深入人心，最终实现对可控事故的长效预防。

三、本质安全的内涵

根据目前对本质安全的研究现状，本质安全有狭义与广义之分。狭义上的本质安全是指实现了人的本质安全、物（设备系统）的本质安全等。广义上的本质安全，则是将上述人、物、环境、管理等诸多要素的本质安全有机地融合起来组成的集合体，是企业安全生产管理工作的综合反映，是生产过程中诸多要素的最佳集合。其实，目前即使是广义的理解，本质安全也是不全面的。从本质安全的层次上讲，应该包括本质安全生产、本质安全企业管理以及区域本质安全。因为安全本身包括自然安全、经济安全和社会安全。本质安全是一个动态演化的概念，也是一个具有一定相对性的概念，它会随着技术进步、管理理论创新而演化；它是安全管理的终极目标，最终达到对可控事故的长效预防；其主要措施是理顺系统内外部交互关系，提高系统和谐性；实现方式是对事故进行超前管理，从源头上预防事故。

吴宗之等将目前本质安全理论的基本原理和方法要点概括如下：

1. 最小化原则

减少危险物质库存量，不使用或使用最少量的危险物质，在必须使用危险物质的情况下，应尽可能减小危险物质的数量。强化工艺设备，减小设备尺寸，使其更有效、更经济、更安全。系统内存在的危险物质的量越少，发生事故所造成的后果越小。

2. 替代原则

用安全的或危险性小的物质或工艺替代或置换危险的物质或工艺。例如，用不可燃物质替代可燃性物质，用不使用危险材料的方法替代使用危险材料的方法。使用危险性小的物质或不含危险物质的工艺代替使用危险物质的工艺，也包括设备的替代。该措施可以减少附加的安全防护装置，减少设备的复杂性和成本。

3. 缓和原则

采用危险物质的最小危害形态或最小危险的工艺条件（如在室温、常压、液相条件下），在进行危险作业时，采用相对更加安全的工艺条件，或者用相对更加安全的方式（溶解、稀释、液化等）存储、运输危险物质。

4. 简化原则

通过设计，简化操作，减少使用安全防护装置，以减少人为失误的机会。简单的工艺、设备比复杂的更加安全，简单的工艺、设备所包含的部件较少，可以减少失误、节约成本。

第二节　本质安全管理的概念及内涵

本质安全管理就是采取一定的技术、教育和行政等手段，使人自身重视安全，使机器、材料、环境等在任何非人为的状况下，不会出现不安全因素，不会对人产生伤害的一种安全管理方法、手段和理念。

安全受人的素质（文化、技术业务、思想道德）、环境、客体状况（机器设备、材料）、作业工艺、管理水平等多方面的影响。因此，本质安全管理包括人、机、料、法、环五个因素。

（1）人的因素。人的因素指有关作业人员、管理人员的素质，包括知识、技术、业务、思想、身体和管理素质等，这些素质能提高人的自觉性、主动性，业务能力，人自身具有的本质特性能使人自身重视安全，将安全放在首位。据国内外的统计资料分析，在劳动生产过程中，80%以上的事故是由于人为差错造成的。日本学者在 1980 年统计中指出，日本制造业在该年度的死亡人数为 106162 人，其中因人为差错导致的事故造成的死亡人数约占 94%。美国安全工程师海因里希在 1931 年调查的 75000 起工业伤害事故中发现，只有 2%的事故超出人的能力所预防的范围是不可避免的，而占总数 98%的事故是可以避免的，其中以人的不安全行为为主要原因的事故占 88%，以物的不安全状态为主要原因的事故占 10%。

（2）机械、设备、仪表、工具等方面的因素。机械、设备、仪表、工具等在正常使用时具有严格的安全特性，会消除、减少某种重大安全隐患。甚至其自身具有闭锁性，即一旦出现设定的不利于安全的状态，机械本身会自动启动闭锁和报警功能，切断这种不安全状态。

（3）所用物料的因素。是指材料本身的特性、材质、规格等符合安全要求。

（4）生产方法的因素。指作业方式、作业工艺、施工方法和技术措施符合安全要求，使人、机械按照人设定的可保证安全的工作流程、工艺进行作业。

（5）环境的因素。指人的作业环境，机械设备的工作环境。著名的霍桑试验认为，生产不仅受物理的、生理的影响，而且受社会环境、社会心理的影响。勒温的场论认为，人的行为是环境和个体相互作用的结果。即：

$$B = f(P, E)$$

其中，B代表行为；P代表个人；E代表环境。因此，人的作业环境以及设施的使用环境对安全工作有很大的影响。

总之，本质安全管理的五个因素互相联系，相互制约，共同作用，方可使本质安全管理的效用发挥出来。同时，这些要素应具备如下的五个特性：

(1) 长期性。在安全投入和措施上，管理效应对今后相当长一段时期的生产工作产生影响，而不是一种短期行为。

(2) 系统性。这是由安全生产属于系统工程和事故链的特点所决定的。

(3) 根本性。立足防范，从治本上研究和考虑系统构成、制度建设、管理措施等。

(4) 自主性。使生产经营主体真正形成自我管理的意识，形成自我约束的机制。

(5) 实效性。生产条件及状况是不断变化的，职业危害持续涌现，企业必须在技术和管理上有自我调节控制能力，适应企业的发展变化。

关于本质安全管理的基本内涵，国君汉等将其概括为：企业的人才素质、安全技术与安全管理水平满足安全生产的根本要求，通过实施全员、全方位的风险预控管理，形成有机协调、能够自我完善和自我控制的企业安全管理运营模式；有效地控制风险源，消除人的不安全行为、物的不安全状态及环境的不安全状态；做到人机互补、人机制约，保证生产系统的安全运行。生产是一个动态过程，本质安全化的程度是相对的，受各种因素影响，当代本质安全化并不是绝对本质安全化，并不是永远不会发生事故，但从长远角度出发，安全水平必须稳定可靠、满足社会期望，并与生产力水平相适应，持续改进。

第三节　本质安全管理理论诠释

一、本质安全化方法

本质安全化是建立在“本质安全”一词内涵进一步延伸的基础之上的。它一般是针对某一个系统（或设施）而言，是表明该系统的安全技术与安全管理水平已达到了本部门当代本质安全化的基本要求，系统可以较为安全可靠地运行。但并不表明该系统绝对不会发生事故，其原因是：

（1）本质安全化的程度是相对的，不同的技术经济条件有不同的本质安全化水平，当代本质安全化并不是绝对本质安全化。由于技术经济的原因，系统的许多方面尚未安全化，事故隐患仍然存在，事故发生的可能性并未彻底消除，只是有了将事故损失控制在被接受程度上的可能性。

（2）生产是一个动态过程，许多情况是事先难以预料的。人的作业还会因健康或心理原因引起某种失误，机具及设备也会因日常检查时未能发现的缺陷产生临时性故障，环境条件也会由于自然的或人为的原因而发生变化。因此，人—机—环境系统日常随机的一般性事故损失并未彻底消除。

因此，系统本质安全化的水平受到初建时经济和技术条件的限制。在系统本质安全化初期，系统匹配处于最佳状态。当生产条件（工艺、工序、工步的调整、工作场所的改变、设备的更新和人员的流动等）的改变而扰乱了匹配关系时，应及时对系统本质安全化进行改造。当系统本质安全化的安全寿命期已到，如果不再有经济和安全的价值，不再有继续进行改造的价值，就要适时进行报废，由新一轮系统本质安全化取而代之。此时，也就意味着安全水平的一次新的飞跃性的提升。

实现本质安全化，要求安全技术的发展必须超前于生产技术的发展。同时，还要求不断改进防护器具、安全报警装置等安全保护装置。实现本质安全化，还要求人—机—环境必须具备相当可靠的质量。因为质量不合格的系统必然存在危险因素，并潜伏着事故隐患，不论是设备故障，还是人员技能不合格，都可能酿成事故。实现本质安全化的关键，在于管理主体对管理客体实施有效控制。因此，企业要实现本质安全化，必须做到以下几点：

（1）运行本质安全。这是指设备的运行是正常的、稳定的，并且自始至终都处于受控状态。

（2）设备本质安全。设备在设计和制造环节上都要考虑到应具有较完善的防护功能，以保证设备和系统能够在规定的运转周期内安全、稳定、正常地运行。这是防止事故的主要手段。

（3）人员本质安全。这是指作业者完全具有适应生产系统要求的生理、心理条件，具有在生产全过程中很好地控制各个环节安全运行的能力，具有正确处理系统内各种故障及意外情况的能力。要具备这样的能力，首先要提高职工的职业理想、职业道德、职业技能和职业纪律；其次要开展安全教育，实现由

“要我安全”到“我要安全”的转变；最后要提高职工的政策法制观念、安全技术素质和应变能力。

(4) 环境本质安全。这里所说的环境包括空间环境、时间环境、物理化学环境、自然环境和作业现场环境。环境要符合各种规章制度和标准。实现空间环境的本质安全，应保证企业的生产空间、平面布置和各种安全卫生设施、道路等都符合国家有关法规和标准；实现时间环境的本质安全，必须做到按照设备使用说明和设备定期试验报告，来决定设备的修理和更新，同时必须遵守劳动法，使人员在体力能承受的法定工作时间内从事工作；实现物理化学环境本质安全，就要以国家标准作为管理依据，对采光、通风、温湿度、噪声、粉尘及有毒有害物质采取有效措施，加以控制，以保护劳动者的健康和安全；实现自然环境本质安全，就是要提高装置的抗灾防灾能力，搞好事故灾害的应急预防对策的组织落实。

(5) 管理本质安全。安全管理就是管理主体对管理客体实施控制，使其符合安全生产规范，达到安全生产的目的。安全管理的成败取决于能否有效控制事故的发生。当前，安全管理要从传统的问题发生型管理逐渐转向现代的问题发现型管理。为此，必须运用安全系统工程原理，进行科学分析，做到超前预防。

二、本质安全化的演化模式

许正权等提出从系统和谐交互的角度，对本质安全化进行重新界定，认为本质安全实现的过程，实际上就是系统和谐性实现过程，也是人类对事故成因认识水平逐步提高的过程。人类对事故成因的认识主要经历了以下三次历史性的跨越。

第一次跨越：技术致因论。在这次跨越中，人们从事故不可抗力说转变为事故技术致因说，认为事故成因于技术本身的不可靠性。由于一种技术本身就有缺陷，因此，应用该技术制造的机械也会不可靠，人们使用这类机械时就可能会造成安全事故。这个阶段的研究主要集中于如何采用可靠技术设计安全可靠的机械设备，从而消除机械运转故障导致的事故。

第二次跨越：行为失误论。在这次跨越中，人们对事故成因认识有了进一步发展，认为事故是由于人为因素和技术因素耦合的结果，人为错误起主导作用，即操作者的行为失误和认识缺陷是事故的主因。因此，这个阶段的研究主要是如何改变和规范人的行为问题，主要措施是通过规范管理、制度和立法来改变人的不安全行为，各国针对高危行业制定了大量的法律法规、技术规范来约束和规范人的行为。

第三次跨越：系统不和谐性耦合论。研究者和实践者认识到处于高危行业的员工执行任务时并不只是单纯与工具、设备及仪表等技术因素打交道，实际情况是他们是以团队形式相互协作来完成任务，会受到情绪化和社会化因素影响。安全文化扎根于每个人心中，影响每个人的安全观念、行为，系统安全性最终取决于系统内外部交互作用和谐性的耦合结果。技术的措施只能实现低层次的基本安全，管理和法制措施尽管可以实现较高层次的规范安全，但要实现根本的安全，最终出路还在于实现系统和谐。从此人类对安全的认识进入到本质安全（文化安全）阶段。

对应于人类对事故成因认识的三次跨越，本质安全也可以划分为以下三个层次：

Ⅰ型本质安全阶段，即基本安全阶段。处于该层次的本质安全主要指标是技术、设备可靠，环境安全。主要解决程序性偏差所引起的安全问题。

Ⅱ型本质安全阶段，即规范安全阶段。处于该层次的本质安全主要指标是达到行为规范、技术规范、管理规范、法律规范，更为重要的一点是人应该满足以下要求：①具有内在的安全意识；②具备合格的安全技能；③在自觉的安全意识引导下，能够充分发挥自己的安全技能，在规定的条件下和规定的时间内，安全地完成规定的任务。该阶段主要解决的是程序性偏差所引起的安全问题。

Ⅲ型本质安全阶段，即文化安全阶段。处于该层次的本质安全主要指标是实现人的安全理念、生产系统、安全系统、管理系统、信息传输系统的高度和谐，是系统始终处于和谐临界点之上，安全文化如同看不见的手引导个体、组织系统迈向本质安全。该阶段主要解决的是系统性偏差所引起的安全问题。

由此可见，本质安全应该是基本安全、规范安全及文化安全三者和谐整合，其中包含着非常复杂的交互作用关系。与社会发展规律类似，本质安全的发展也遵从由低级到高级的历程，其中或许有反复和跨越，但一个系统要实现本质安全一般都要经历基本安全和规范安全阶段，否则本质安全只能是空中楼阁。

三、企业本质安全化模型

事故致因理论认为，事故发生的原因是多方面的，但主要包括如下的四个方面：

(1) 人。人的不安全行为是事故产生的最直接的因素。

(2) 物 (机)。机器的不安全状态也是事故产生的直接因素。

(3) 环境。不良的生产环境影响人的行为，同时对机械设备产生不良的作用。

(4) 管理。最重要的因素是管理，因为管理对人、物、环境都会产生作用和影响。

王钦方基于事故致因理论的分析，按照事故“可能预防原则、偶然损失原则、因果继承原则”，提出企业本质安全化结构模型，如图 4-1 所示。图中方形模块框代表其执行必须具有刚性、强制性和有限制性，圆形框代表具有弹性、无限性。框间包含表示功能的弥补和强化。

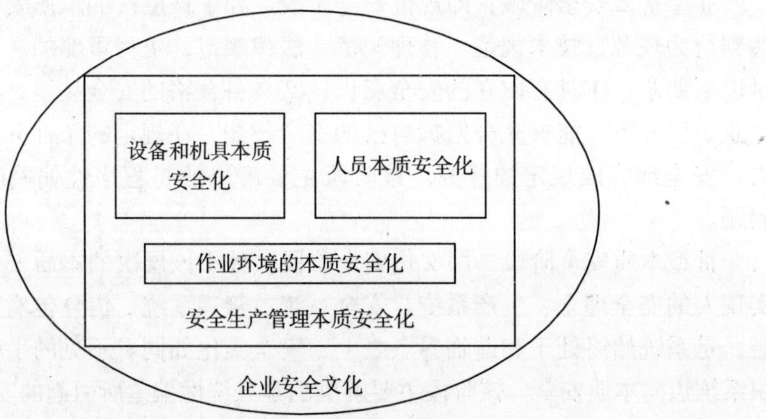

图 4-1 企业本质安全化结构模型

(1) 设备和工具本质安全化，即选用的设备既要考虑其生产效率，又要考虑安全可靠性。可以定义为“剃须刀”理论，传统的剃须刀刀锋暴露，需有具备一定经验的理发师操作，极易划破脸部；后来在刀片两边安装上夹具，操作变得简单，对人的伤害程度受到限制，但稍不注意仍有造成伤害的可能；现在的电动剃须刀，刀片外加上细致结实有弹性的安全网，刀片与皮肤之间有隔层，很难划破皮肤，既是“傻瓜型”又是本质安全型。如果职工使用的设备和工具都具有本质安全型工具的性能，就可以弥补因人的失误而造成的事故。

（2）作业环境的本质安全化，即生产场所应确保职工的作业安全，在空间、气候等创造舒适安全的环境。可以描述为“桥”理论，过独木桥时人很容易掉下去，全凭技巧、胆量和运气。但是现在的桥面宽阔、护栏高大的钢铁大桥，行人不必小心翼翼，不论是跑还是跳都不会掉下去。这样可以减少因人的素质缺陷而引起的事故。

（3）人员的本质安全化，要求操作者有较好的心理、生理、技术素质，即有想（具有强烈的安全意识）、会（安全技能+专业岗位知识）、能（能遵守制度+能创造安全环境+能正确操作设备），要加强本质安全化和法治教育，提高职工的安全科技文化素质。

（4）安全产生管理的本质安全化，即科学的安全管理是控制事故的决定性和起主导作用的关键措施。就目前而言，设备和机具的本质安全化受科技、经济等诸多因素制约，本质安全化程度和发展在各行业、不同企业不均衡；作业环境的本质安全化受成本、观念等因素的影响变数很大；人的本质安全化受职工的文化程度、技术水平等影响较大，不同企业人员的本质安全化素质的差异更大。实现企业本质安全化，依靠管理的科学化可弥补以上要素的不足。

（5）安全文化，是安全管理的升华和最高层次，是理性的、系统安全管理的基础，是一个深层次的人因工程，充分体现了“以人为本”的现代管理理念。依靠安全文化的潜移默化作用，提高全体员工的安全意识和素质，体现“我要安全、我会安全、我能安全”，使职工自觉规范自己的安全行为，维护企业的安全形象。

四、本质安全化管理模式

安全管理模式是企业依据国家安全法律法规，运用系统科学的原理和方法，对安全生产进行整体优化管理的现代安全管理方法的总称，是企业在一定时期内指导企业安全管理工作（包括目标、原则、方法和措施等）的综合安全管理体系。它是企业在长期的安全管理经验基础上，将现代安全管理理论与安全工作实践相结合的产物。作为企业安全管理必须遵循的工作模式，必须具有以下特征：

（1）有明确的目标及围绕总目标分解的具体指标，如确定事故为零等。

（2）实行全面管理。即全员、全过程、全方位管理。

（3）实施规范化管理。有完整健全的安全法规标准体系、安全管理制度、教育培训活动以及定置管理、色彩管理等对设备环节的规范管理规定。

(4) 以预防、预测为主实施管理。开展安全生产责任制、监督检测、事故抢救处理、科研防治活动等。

根据现代职业安全健康管理体系的基本要素和模式，本质安全化管理模式遵从最早用于质量管理的“戴明管理模式”，强调持续改进机制。戴明是美国质量管理专家，他把全面质量管理工作作为一个完整的管理过程，分解为前后相关的 P、D、C、A 四个阶段。

(1) P (Planning) ——策划阶段。要以适应用户的要求和取得经济最佳效果和良好的社会效益为目标，通过调查、设计、试制、制定技术经济指标、质量目标、管理项目以及达到这些目标的具体措施和方法来完成。具体可分为四个方面：

①分析现状，找出存在的质量问题，尽可能用数据来加以说明。

②分析产生影响质量的主要因素。

③针对影响质量的主要因素，制定改进计划，提出活动措施。一般要明确，为什么制定计划 (Why)、预期达到什么目标 (What)，在哪里实施措施和计划 (Where)，由谁或哪个部门来执行 (Who)，何时开始何时完成 (When)，如何执行 (How)，即 5W1H。

④按照既定计划严格落实措施。运用系统图、箭头图、矩阵图、过程决策程序图等工具。

(2) D (Do) ——实施阶段。将所制定的计划和措施付诸实施。

(3) C (Check) ——检查阶段。对照计划，检查实施的情况和结果，及时发现实施过程中的经验和问题。根据计划要求，检查实际实施的结果，看是否达到了预期效果。可采用直方图、控制图、过程决策图以及调查表、抽样检验等工具。

(4) A (Acting) ——评审改进阶段。根据检验结果，把成功的经验纳入标准，以巩固成绩。从失败的教训或不足之处，找出差距，转入下一循环，以利改进。具体可分为两个方面：第一，根据检查结果进行总结，把成功的经验和失败的教训都纳入标准、制度或规定，以巩固已取得的成绩；第二，提出这一循环尚未解决的问题，将其纳入下一次 PDCA 循环中去。

PDCA 循环具有以下几个特点：

(1) 科学性。PDCA 循环符合管理过程的运转规律，是在准确可靠的数据资料基础上，采用数理统计方法，通过分析和处理工作过程中的问题而运转的。

(2) 系统性。在 PDCA 循环过程中，大环套小环，环环相扣，把前后各项工作紧密结合起来，形成一个系统。在质量保证体系以及职业安全与健康管理体系中，整个企业的管理构成一个大环，而各部门都有自己的控制循环，直至落实到生产班组及个人。上一级循环是下一级循环的根据，下一级循环是上一级循环的组成和保证。于是，在管理体系中就出现了大环套小环、小环保大环、一环扣一环，都朝着管理的目标方向转动的情形，形成相互促进、共同提高的良性循环，如图 4-2 所示。

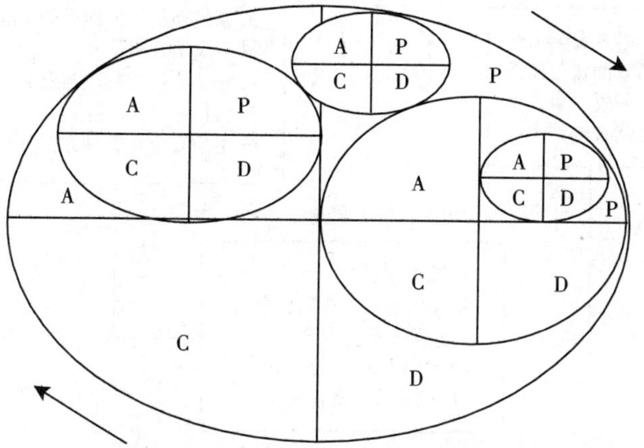

图 4-2 戴明管理模式不断循环的过程

（3）彻底性。PDCA 循环每转动一次，必须解决一定的问题，提高一步。遗留问题和新出现问题在下一次循环中加以解决，再转动一次，再提高一步。循环不止，提高不断。如图 4-3 所示。

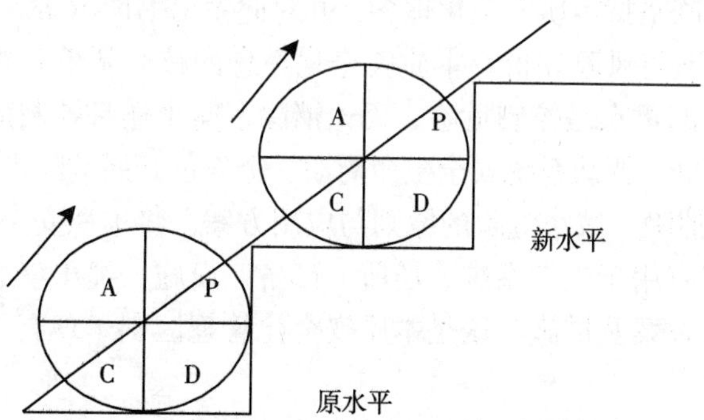

图 4-3 戴明管理模式持续改进和不断提高的过程

吴宗之等人将本质安全的理论和思想方法应用于企业安全管理，融合 PDCA 管理模式，提出了具有可操作性的基于本质安全化的 PDCA 管理模式，如图 4-4 所示。

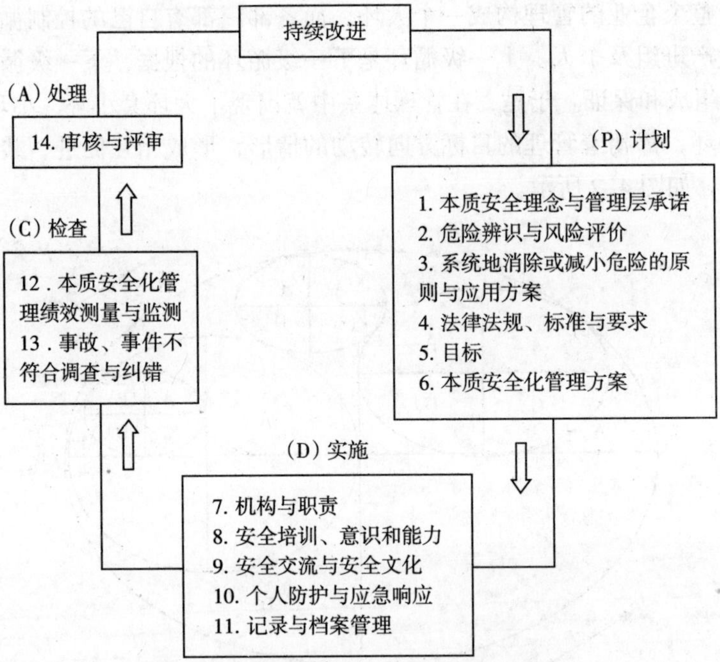

图 4–4　本质安全 PDCA 管理模式框架

（1）本质安全理念与管理层承诺。职业安全健康管理体系（OHSMS）等先进安全管理模式都十分强调先进安全理念的全员贯彻和企业最高管理层的承诺与支持。同样，这也是实施本质安全化管理模式的前提。企业全体员工，特别是最高管理层应该坚持本质安全化理念，并对此做出书面承诺。

（2）危险辨识与风险评价。本质安全化理念的核心是消除或减少危险，其他安全管理方法的重点是控制危险，无论消除、减少还是控制危险都离不开危险辨识、风险评价。要从系统安全生命周期、全方位开展危险辨识和风险评价。

（3）系统的消除、减小危险的原则与应用方案。将本质安全理论中的消除、减小危险的原则应用于生产系统、场所、设备、设施，提出事故预防与控制的本质安全化实施方案及措施，这是本质安全化管理区别于现有其他管理方法的核心要素。

（4）法律、法规、标准与要求。制定识别和获取相关安全法律、法规、标准与其他要求的程序。及时更新有关法律、法规、标准与其他要求的信息，并将最新信息传达给员工和相关方。

（5）本质安全化目标。针对企业内部各相关职能和层次，建立并保持文件化的本质安全化目标。如可行，目标应量化分解为各类指标。

(6) 本质安全化管理方案。制定实现本质安全化管理和安全目标的职责、权限、方法、时间表等方案。管理方案是本质安全化管理的具体行动计划，是评价企业的本质安全化管理是否按计划实施的重要依据。危险辨识与风险评价的结果以及对法律、法规、标准和其他要求的评审结果，是制定管理方案的重要输入信息。为确保管理方案有效实施，并为企业内的相关人员所理解，企业需将管理方案形成文件，予以传达。应定期对管理方案进行评审，必要时应针对企业的活动、产品、服务或运行条件的变化对管理方案进行修订。

(7) 机构与职责。对企业的活动、设施和过程安全有影响的从事管理、操作和验证的人员和相关机构，应确定其作用、职责和权限，确保达到本质安全化管理体系要求。本质安全化管理的最终责任由最高管理者承担。企业的本质安全化管理是企业内每个人的共同责任，而不仅限于那些具有明确本质安全化管理职责的人员。

(8) 安全培训、意识和能力。通过培训，为企业各层次人员提供本质安全化管理所需的安全意识和能力，确保全体员工安全并有能力完成其职能。

(9) 安全交流与安全文化。通过交流、协商和沟通，通报企业活动、设施中有关安全健康信息，促进全员参与本质安全化管理活动，营造安全文化氛围，培育和提升员工的本质安全化的安全文化素养。

(10) 个人防护与应急响应。评价潜在的事故和应急响应需求，制定应急预案并进行应急演练，提高个人防护能力，减少事故和紧急情况的发生及影响。

(11) 记录与档案管理。建立并保持本质安全化管理的记录和档案，以利于企业改进本质安全化管理体系，证实其有效性。

(12) 本质安全化管理绩效测量与监测。对本质安全化水平和管理绩效进行主动和被动的绩效测量与监测，以保证本质安全化管理体系的有效运行。

(13) 事故、事件、不符合调查与纠正措施。对事故、事件、不符合（隐患），采取调查处理措施和“四不放过”原则，防止同类问题再次发生。

(14) 审核与评审。通过内外部审核和管理评审方式，评价本质安全化管理体系的符合性和有效性，形成持续改进机制。

第五章　煤矿本质安全管理理论与内涵体系

第一节　煤矿本质安全与煤矿本质安全管理

一、煤矿本质安全与本质安全化

所谓煤矿本质安全，一是指煤矿的安全设施设备、系统依靠其自身的完善和自我控制及生产系统中完善的安全技术措施及其在现场的正确落实，并在任何情况下都能够保证煤矿安全生产的安全控制系统；二是当发生人为操作失误时，设备、系统自身都能够保证安全，即当设备、系统发生故障时，能够自动排除、切换或安全地停止运转，或采取多种、多重安全技术措施，确保人—机系统的安全，从而确保现场的安全生产。煤矿本质安全化，则是指为使煤矿井下设施、设备、系统以及安全技术措施等达到本质安全而进行的研究、设计、改造和强化实施与管理过程。其目的就是用科学技术，尤其是安全科学技术的一切成就，使煤矿井下生产现场所形成的事故条件（或因素）从根本上得以消除；若暂时达不到这种要求，则可采取多种、多重的安全技术措施，形成最佳组合安全保障系统，以最大限度地实现煤矿安全生产。

煤矿本质安全化的内容及实施包括以下六个方面：

（1）针对事故发生的主要原因，采取相对的安全技术措施，并落实到生产现场，从根本上消除事故发生的条件（或因素），使现场的安全技术措施得以落实，使设施设备形成安全状态，从而保证现场的安全生产。

(2) 凡是需要操作的设备、系统，在人为的操作失误后应能够利用自身的保障系统自动保障人身和设备、系统的安全，从而保证煤矿现场的安全生产。

(3) 设施设备、安全系统应具有自我保护的能力，即当其发生故障时能自动弃用故障部件而启用备用部件或实行安全制动并发出警示，以便及时发现和处理，从而保障煤矿现场的安全生产。

(4) 采取多种、多重安全技术保障措施，保障设施设备及安全系统的正常运转和现场的安全生产。在井下施工现场，要想达到各种设施设备、安全系统和技术措施的绝对可靠和完善是不可能的。所以说，在某些生产环节和安全技术措施上采取多种、多重安全技术保障措施是很有必要的。所谓多种、多重安全技术保障措施，就是为防止第一道安全技术设施、系统（或第一台设备、设施）失效而增设的第二道安全技术设施、设备（或第二台设备、设施），从而最终保障现场的安全生产。

(5) 动用逻辑推理方式，暴露设施设备、系统、安全技术措施以及生产中的各薄弱环节，并采取种种技术措施保障生产现场的安全生产。为了保障安全生产，我们不仅要尽量避免井下生产现场事故的发生，而且要有事故发生后尽量控制其发生范围的措施，以减少因事故而造成的人员伤亡和经济损失。这就要求我们在现场施工前，要根据现场情况，运用科学技术和逻辑推理方式来预测事故发生和当事故发生后，采取必要的安全技术措施以尽量避免或减少因事故而造成的损失。常用的逻辑推理方式是：假定采取的安全技术措施或安全设施失效后怎么办？假定发生事故后会产生什么样的后果以及怎么办等的设想，充分暴露其薄弱环节，层层制定防范措施，并落实到现场的生产环节中去，尽量避免事故的发生和减少因事故而造成的损失。

(6) 充分发挥人的主导作用，实现安全技术措施的最佳组合，从而保证设施设备、安全系统处于最佳状态，安全技术措施时时处处落实到位，以最大限度地保证现场安全生产。实现上述目标，第一是领导重视并转变观念；第二是各种安全设施设备、系统必须齐全、灵敏、可靠；第三是保证管理到位，责任到人，并真正落实到现场上；第四是不断对职工进行安全教育，提高其技术素质和安全意识，并保证在现场按规章作业。

二、煤矿本质安全的内涵

“煤矿本质安全”是电气领域“本质安全”概念在煤矿生产系统的进一步延伸，几种有代表性的定义如下：

（1）如果在工作中处处按照标准、规程作业，把事故降低到最低甚至实现零事故，从而得出“煤矿发生事故是偶然的，不发生事故是必然的”的结论，就称为本质安全。

（2）煤矿本质安全是指将本质安全的内涵加以扩大，已不是单纯指设备构造的本质安全设计，而是指在一定的技术经济条件下，煤矿具有相当的安全可靠性，具有完善的预防和保护功能，具有良好的安全文化和安全氛围，以及科学的安全管理体制，使事故、灾害降低到规定的目标或可以接受的程度。

（3）煤矿本质安全不仅指使用本质安全型设备，更重要的是必须将人、作业环境的安全上升到本质安全的高度，从而形成了全新的本质安全理念。

（4）本质安全是指运用组织架构设计、技术、管理、规范及文化等手段保障人、物及环境可靠的前提下，通过理顺系统在运行过程中的基本交互关系、规范交互关系及文化交互关系，从源头上预防系统在运行中出现的反效交互、无效交互及Ⅱ型有效交互所引起的系统不和谐，以保证实现系统安全、设备可靠、管理全面及安全文化深入人心，最终达到对事故的长效预防。

从以上关于煤矿本质安全的定义可以看出，煤矿本质安全强调“人—机—环境”系统的本质安全性，指出了煤矿本质安全的目标——使煤矿灾害、事故的破坏与损失降低到规定的目标或可以接受的程度。但没有体现出我国煤矿本质安全的特征——人的行为安全以及“不断追求安全极限”的管理理念。

刘海滨等将我国煤矿本质安全界定为：一种“不断追求系统安全极限”的管理理念。在相对可靠的技术、设备及环境下，通过有效的管理机制与方法，消除导致煤矿系统不安全的主要因素（即人的不安全行为），从而使影响煤矿安全的各因素处于被约束与控制状态，最大化提升系统的可靠性，使煤矿灾害与事故发生率降至极低的、可接受的程度。

三、煤矿本质安全管理的基本特征

煤矿本质安全管理的基本特征，包括下述几个方面：

(1) 以风险预控管理为核心。对煤矿的工程项目、生产系统和作业中实际存在的危险及可能发生的事故及其严重程度，进行分析和评价，以便查明系统的薄弱环节和危险所在，并加以控制、减少、消除，同时对各种设计方案能否满足系统安全性的要求进行评价，作为制定措施的依据。安全分析与评价基本内容，包括系统中有哪些危险、可能会发生什么样的事故，事故是怎样发生的、发生的可能性有多大，以及危害后果是什么。

通过对各种作业和生产过程实施有效的危险源辨识，对辨识出的危险源的风险进行评价，并对不同级别的风险采取相应的控制措施，可实现对事故的预防。通过这些工作，可对各种预知的危险因素做到事前控制，实现预防为主的目的，同时对各种潜在的事故制定应急程序，使损失最小化。

(2) 实行安全系统管理。本质安全管理是实现安全的关键过程。对包括矿井的计划、设计、生产、运输、通风、维修等方面，从包括矿井的人、机和环境等因素实施系统的安全管理。本质安全管理应当从矿井的工程计划可行性研究中的安全论证开始，继而渗透到系统的纵向和横向管理中去，包括安全设计、安全审核、安全评价、安全制度、安全教育、安全操作、安全检修、安全检查等各项安全工作。

追求系统中人、机、环境、管理等要素的最佳匹配，从而实现人员无失误、系统无缺陷、设备无故障、管理无漏洞的目标。要求员工具备相应的安全知识、安全技能和较强的安全意识，具有良好的安全素质，基本杜绝人为失误；机器设备系统机械化和自动化水平高，具有故障检测和安全防护功能，安全可靠性高；作业环境整洁卫生；管理体系科学、简洁、高效。

(3) 传统方法与现代方法的结合运用，采用 PDCA 安全管理模式。现代信息技术和管理方法为本质安全管理提供了基础支持，在充分吸收借鉴国内外煤矿生产安全管理经验的基础上，本质安全管理以风险管理理论为基础，从危险源识别、风险预警、风险控制和管理信息系统等方面体现其有效性和先进性。

四、煤矿本质安全管理方法

人的不安全行为是影响系统安全的主要因素，人的行为安全是我国煤矿本质安全的主要特征。研究表明，复杂的社会技术系统自身具有一定的容错性和自组织性，只要取得系统构成元素的相对可靠性，完全可以通过系统的和谐交互机制使系统获得本质安全性。因而，在相对可靠的技术、设备及环境下，有效地控制人的不安全行为是该系统的关键因素，使其具备相对高的可靠性，从而可以获得相对条件下煤矿生产系统的“安全极限”值，实现煤矿本质安全。

（一）深入研究煤矿本质安全理论

深入研究煤矿本质安全理论，探讨煤矿事故的形成机理，为构建科学的煤矿本质安全管理体系提供科学依据。

（1）在煤矿事故致因理论基础之上，通过分析我国煤矿人—机—环境系统实际，研究煤矿事故的产生机理，形成一套本质安全管理理论，用以指导在安全管理实践中有效地消除和弱化各种不安全因素。

（2）根据我国煤矿开采的地质条件差异、采煤方法等约束因素，对煤炭企业进行本质安全的分类研究界定，以使各类煤矿的本质安全管理目标具体化。

（3）建立起更具可操作性的煤矿本质安全管理框架和程序，为构建能够灵活适用于不同企业的标准管理模式提供理论指导。

（二）建立以风险预控为核心的煤矿本质安全管理体系

建立以风险预控为核心的煤矿本质安全管理体系，使煤矿本质安全管理科学化、标准化。通过研究国际先进的安全管理模式，例如职业安全健康管理体系、健康—安全—环境体系、南非国家职业安全协会管理系统以及杜邦安全管理系统等，发现上述已取得显著效果的管理体系或模式无不非常注重风险的预控管理、管理的标准化以及管理的持续改进。它们的经验无疑为煤矿本质安全管理体系的建立提供了有益的启示。在煤矿本质安全管理的过程中，务必根据我国煤矿实际情况，有效辨识、评价危险源，实施科学的预控管理；建立煤矿本质安全标准化管理体系；建立煤矿本质安全管理评价指标及评价模型，对煤矿本质安全本身进行及时评估，持续改进。

（三）加强国家煤矿安全立法建设

加强国家煤矿安全立法建设，推进国家安全管理政策研究，提升政府监管能力。例如，美国的井工煤矿的安全水平为百万吨 0.064，除了与其地质构造简单、开采工艺先进以及管理水平高等因素有关外，严格的煤矿安全立法及政策功不可没。20 世纪 50~60 年代，美国煤矿事故死亡人数每年仍高达 2000 人左右，而 20 世纪 70 年代后期《联邦矿业安全和健康法》实施后，死亡人数立即下降到 1000 人以下。1993 年以后的煤矿事故年死亡人数降至 50 人以下。在此期间，美国先后制定了十多部煤矿安全法律和严厉的执法程序，这对有效减少煤矿事故起到了显著作用。

（四）培育良好的安全文化

培育良好的安全文化，形成煤矿本质安全长效机制。由于煤矿井下作业人员并非孤立地与工具、设备及生产对象打交道，必须以团队形式相互协作来完成任务，因而必然受到情绪化和社会化因素影响。技术的措施只能实现低层次的基本安全，管理和法制措施可以实现较高层次的规范安全，而"关注安全与生命"的本能意识，影响每个人的安全观念、行为，只有培育根植于员工内心深处的安全文化，才能形成安全管理的长效机制，实现根本的安全。

（五）构建煤矿本质安全管理信息系统

构建煤矿本质安全管理信息系统，为高效准确地实现煤矿本质安全管理目标提供工具上的有力保证。我国矿业行业的整体信息化水平明显低于与信息电子相关的行业和传统制造业，尤其是采选业信息化水平最为低下，这形成了我国采矿业实现安全高效生产的"瓶颈"。虽然我国大多数煤矿矿井都装备了监控系统，但主要局限于局部的监控与管理。要想及时准确地获取生产管理中庞杂的数据，为事务处理、安全控制、事故预测和辅助决策提供有效的信息，实现煤矿本质安全管理目标，必须构建煤矿本质安全信息化管理平台。

五、构建本质安全化煤矿的理论基础与现实需要

煤炭行业所涉及的系统不是单纯的技术系统，而是复杂的社会技术系统，是由人、物、信息、文化等构成要素通过复杂的交互作用形成的有机整体。事故之所以发生，是因为这一系统中存在着不安全因素。人的不安全行为可以促成物的不安全状态，而物的不安全状态又会在客观上造成人出现不安全行为的条件。隐患是由物的不安全状态和管理上的缺陷共同作用的结果，一旦出现隐患，再加上人主观上的不安全行为，就会立即导致事故的发生。

事故致因理论将事故发生的原因概括为环境的不安全条件、物的不安全状态、人的不安全行为和管理的漏洞等四个主要方面。从事故致因理论出发，可以有的放矢地构建本质安全化煤矿，使人们意识到煤矿的建设要做到技术先进、设备可靠、环境安全；煤矿要加强制度建设，达到行为规范、技术规范、管理

规范、法律规范，从业人员必须具有内在的安全意识、合格的安全技能和自觉的安全意识，能够在规定的条件下和规定的时间内安全地完成规定的任务。另外，还必须重视文化安全的建设，促成人的安全理念、生产系统、安全系统、管理系统、信息传输系统的高度和谐，以促使组织系统迈向本质安全化。这种对于构建本质安全化煤矿的要求，在我国煤矿安全事故的现实原因面前，显得更为迫切。

在我国，人为因素是发生矿难的根源。有关统计表明，在煤矿发生的事故中，80%以上是由于职工的违章操作、违章作业造成的。大部分煤矿从业人员文化素质较低，基本安全知识缺乏，技术不熟，处理现场安全隐患经验不足，思想麻痹，冒险蛮干，加之一些矿主或企业领导重视程度不够，两眼盯着产量，赶时间、赶任务、争循环，不惜以职工的生命安全为代价，换取带血的效益。另外，安全投入不到位，煤矿工作环境差，地质条件复杂，工作面空间狭小，煤矿井下生产人员集中，这些都存在着极大的安全隐患。

第二节 煤矿本质安全管理体系的实施途径与方法

一、煤矿本质安全管理体系建立思路

建立有效的本质安全管理体系，应该遵循以下基本思路。

（一）本质安全管理要素的设置

设置本质安全管理体系要素的目的：一是将安全管理体系划分为一些具有相对独立性的条款，从而明确风险预控管理的框架；二是以风险识别的全面性为前提，在明确管理框架的基础上，从危险源辨识的角度考虑以人、机、环境可能涉及安全管理的所有要素，以清单方式提出针对性的要求。

要素设置的基本原则：

（1）全面性和系统性。涵盖企业安全生产的全方位和全过程。

（2）体现管理过程。以 PDCA 循环为基础，体现持续改进原则。

（3）突出煤矿安全生产特点。结合煤矿重大危险源及事故发生案例，在要

素中考虑容易忽视的环节要素。例如停送电，应该考虑闭锁要素。

（二）危险源辨识和风险评估

危险源辨识是风险评估的前提。危险源辨识的充分与否直接决定了风险评估效果。危险源辨识就是对煤矿所要评估的单元或系统、工作活动和任务中的危害的识别，包括人、机、环境和行为的各种危险因素，并根据风险预控管理的要求，分析其产生方式。

风险评估是对风险的定量或定性分析，以确定特定风险发生的可能性及损失的范围和程度，其结果通常伴有风险的排序。风险评估的目的在于确保企业生产经营的风险能被有效地鉴定、理解，并提出对策，将风险最小化，达到合理可容忍的水平。

危险源辨识和风险评估的基本方法有：前期风险评估、危险与可操作性分析、失效模式与影响分析、定量风险评估、安全检查表分析、事故树、工作安全分析等数十种方法。

危险源辨识和风险评估应贯穿于煤矿从可行性研究开始到衰减期的全过程，并选择职工易于理解、易于操作的方法，确保全员参与及不断提高职工风险意识。

（三）建立本质安全化管理体系

在风险评估基础上，建立结构化的安全管理体系。该体系必须以国家相应的规范、标准为基本要求，结合行业特点，从管理、技术等各个方面确定风险控制对策，并确保企业生产经营工作高效运转。结构化的安全管理体系包括：针对管理层的管理标准和流程；针对操作层的安全工作程序和工作标准。同时制定重大危险源的管理方案，如图 5-1 所示。

目前，在我国煤矿安全管理中建立本质安全化管理体系的思路还处于薄弱环节，虽然采取了种种技术措施，但由于缺乏程序、标准和可操作性的职责分配，技术和管理相割裂，导致技术措施往往难以落到实处。因此，重大危险源的管理方案必须按照风险预控管理的要求，同时确定如图 5-1 中最右栏中的职责、程序和标准等内容。

（四）执行与改进

按照所建立的本质安全化管理体系，协调组织风险管理各项措施的实施，

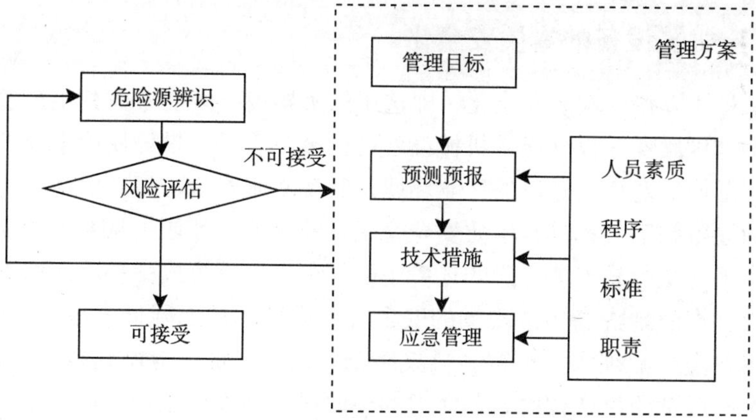

图 5-1　本质安全化管理体系中的重大危险源管理方案

并不断地通过各种信息反馈，检查风险管理措施的实施情况，视情形进行调整和修正，确保实现风险预控管理目标。

二、煤矿本质安全管理体系的实施途径

煤炭行业是一个复杂的社会技术系统，构建本质安全化煤矿必须实现人、物、信息、文化等要素的本质安全化。

（一）从业人员的本质安全化

提高煤矿从业人员的整体素质和思想意识，是实现本质安全化的基础。企业的本质安全关键在人，煤矿以及与此相关部门的各级领导的思想意识决定着煤矿企业的命运。党的十六届三中全会提出“坚持以人为本，树立全面、协调、可持续的发展观”，要做到以人为本的管理，各级领导就要牢固树立“人是最宝贵资源”的思想。企业定计划、要效益首先要考虑安全问题，做到不安全不生产，煤矿企业要把职工的安全教育作为一项长期的任务来抓，要求职工有较好的心理、生理、技术素质，要具有强烈的安全意识、安全技能以及自觉遵守制度、创造安全环境。要加强本质安全化和法治教育，提高职工的安全科技文化素质。从“要我安全”转向“我要安全”、“我应安全”、“我能安全”、“我懂安全”，还要通过持续的安全教育，实现他们的本质安全化。

（二）机器设备的本质安全化

煤矿机器设备的本质安全化，即选用的机器设备既要考虑其生产效率，又要考虑安全可靠性。提高煤矿机械设备的机械化水平、推广使用本质安全型设备，为职工创造宽松、舒适的作业环境是实现本质安全的最有效途径。如果职工使用的设备和工具都具有本质安全型工具的性能，使职工从繁重的体力劳动中解放出来、从容易出现危险的环境中解脱出来，就可以弥补因人的失误而造成的事故，有效地提高生产现场的安全可控程度，从而降低事故发生的概率。因此，煤矿企业必须大力推行“科技兴企”战略，推广应用新技术、新工艺、新设备。实现系统生产技术装备能力的全面提升和安全生产专业装备全方位改进，形成“人机互补、人机制衡”的安全系统，使整个安全生产大系统可以承受更多的主观、客观变故而不发生事故。

（三）作业环境的本质安全化

作业环境的本质安全化，即生产场所应确保职工的作业安全，在空间、气候等方面创造舒适安全的环境。推行质量标准化作业，创造良好作业环境质量标准化建设，是煤炭企业的基础工程、生命工程和形象工程，也是构建本质安全化煤矿的重要内容和根本途径，其实质在于规范质量标准，强化质量管理，完善安全保护，有效遏止重特大事故，使煤矿安全生产建立在可靠的工程质量、设备运行质量和工作质量基础之上。另外，落实以人为本理念，首先要有一个安全的环境，这是基础、生命线。煤矿企业必须加大质量标准化的建设力度，确立建设高标准精品矿井的新思路。通过大力开展高标准精品矿井建设，提高各专业质量标准化管理水平，加强矿井的质量基础，使矿井下的安全生产环境更加可靠，安全防御能力进一步提升，为创建本质安全化煤矿的作业环境打下良好的基础。

（四）管理的本质安全化

煤矿企业的本质安全化，必须依靠科学的管理，管理的本质安全化即科学的安全管理是控制事故的决定性和起主导作用的关键措施。煤矿企业要不断创新自己的安全管理机构和运行机制，运用管理原理指导安全工作，提高安全管理工作的科学性，避免盲目性，以联系的、整体的思维去认识并解决煤矿安全问题，将安全系统的各部分、各方面和各种因素联系起来，考察其中的共同性和规律性。同时，对复杂的系统进行分解，从整体着眼，局部入手，明确责任，分工负责，注重全面、系统、超前和过程控制，达到整体最优化。让企业安全生产的每一个过程、每一个环节均留下管理的“痕迹”，注重过程控制，实现无缺陷管理。煤矿管理的本质安全化离不开安全监察机制的创新，安全监察在煤矿生产过程中起着非常重要的把关作用。推行安全责任监控和安全信息监控，对不同层次的安全管理人员上岗情况和各个班组、地点的安全隐患实行动态循环控制，努力消除人的不安全行为、物的不安全状态和环境的不安全因素。

三、构建本质安全化煤矿过程中的安全文化建设

安全文化是人类在生产、生活的实践过程中，为保障身心健康安全而创造的一切安全物质财富和安全精神财富的总和，是企业安全活动创造的安全生产、风险控制及劳动保护的观念、习惯、行为、环境、物态条件的总和。员工工作活动中的安全态度、安全行为和做事的方式是这个“总和”的外在反映。安全文化是安全管理的升华和最高层次，是理性的、系统的安全管理的基础，充分体现了以人为本的现代管理理念。安全文化作为一种体现了现代科学管理的全部内涵的新的管理方式有三个特点：

一是一种无形管理，在这种方式中，管理者与被管理者的区别消失，有利于减少管理者与被管理者间的人为摩擦，提高管理绩效。

二是一种全面管理，以文化的无孔不入方式弥补以往管理的不足。

三是一种灵活、能动的管理方式，以精神、价值观为导向。

安全文化在构建本质安全化煤矿的过程中极大地弥补了安全管理手段的不足。煤矿安全文化建设要从两方面着手：一是煤矿内部的必要体制和管理部门的逐级责任制；二是各级人员响应上述体制并从中受益所持的态度。因此，煤矿安全文化对所有在安全中负有不同责任的单位和个人提出如下要求：

（1）对决策层的要求是公布安全政策，建立管理体制，提供人力、物力资源和自我完善。

（2）对管理层的要求是明确责任分工，安全工作的安排和管理，人员资格审查和培训，奖励和惩罚以及监察、审查和对比。

（3）个人的响应是善于思索的工作态度、严谨的工作方法和互相交流的工作习惯，这三者是个人卓有成效的安全文化的重要内容。

四、构建本质安全化煤矿的方法

基于对本质安全的含义和煤矿企业实现本质安全的必要性的分析，李士锦提出了通过理念创新、装备和技术革新、管理创新、教育培训创新四个方面加快煤矿企业本质安全化进程的方法，以实现煤矿安全形势的持续稳定好转。

（一）安全理念创新

安全理念，就是安全工作的指导思想。先进科学的管理理念将发挥正确的舆论导向作用，鼓舞和激励职工积极向上。安全理念创新的途径和要求如下：

(1) 要确立抓安全重在落实的理念。安全工作是一项实实在在的工作，来不得半点虚伪和客套，必须切实转变作风，由“嘴上喊”变为“实际做”，由“老大难”变为“老大抓”，由软指标变为硬任务，由讲客观变为找主观，使安全生产的方针政策落到实处。

(2) 要确立安全工作关键在防范的理念。事后分析是亡羊补牢，要打破常规，克服因循守旧，按部就班，头疼医头、脚疼医脚的老一套做法，在管理方法和管理手段上积极创新，从源头抓起，坚持管理、装备、培训并重，探索适合企业实际的安全工作新路子，特别在资金安排上，要坚持首保安全生产，该花的钱一分不少，该投入的一着不让。

(3) 要确立安全工作齐抓共管的理念。安全工作关系到方方面面、千家万户，靠哪一个部门、哪一个人都是无济于事的，必须实行齐抓共管，做到安全重担大家挑，人人头上有指标，安全问题谁管都不越权，安全管理怎么严都不过分。

（二）安全装备和安全技术革新

先进的装备和技术是防止煤矿发生重大事故的重要手段。从某种意义上讲，有什么样的装备手段就有什么样的安全状况。要适时调整生产布局，推行先进的集约化生产方式，大力发展采掘机械化，巩固高档，发展综采，减少或消灭炮采，走减人减面、高产高效的路子，井下生产少投放一人，就会多一份安全。以实时安全综合信息为内容的矿井安全计算机管理系统或综合平台，对生产系统实行全过程、全方位的监测监控，把各种保护设施和瓦斯、煤尘、水、通信设施、冲击地压的状态形成可视可控的无缝网，把其使用或变化情况及人的不安全行为置于掌握之中，发现异常立即采取相应的对策和防范措施。

（三）安全管理创新

安全生产不仅是人员、装备、环境、管理、技术等某一方面的问题，还是各种因素相互牵连、相互作用的结果。需要建立健全统一的安全管理体系，依靠规范的制度，实施科学管理，减少和消除事故。强化现场安全管理，是防止发生各类事故，实现本质安全的基础。安全管理要实现三个转变，即管理方法由粗放型、多变型、间断型向集约型、系统型、规范型、连续型转变；事故控制由事后的被动经验管理向事前主动预防管理转变；矿井质量标准化由静态达标向动态达标转变。创新管理模式和管理方法可以推进本质安全化煤矿的建设。

（四）教育培训创新

教育培训创新的途径和要求如下：

（1）在不影响正常生产的前提下，要尽可能多地创造机会让矿工参加学习培训，且学习内容要与时俱进，开拓创新，适应生产技术、管理、装备的更新换代和现场生产条件的变化。

（2）要经常以不同的方式组织安全生产方针政策和技术规范的学习教育，不断消除矿工头脑中的“精神隐患”；提高矿工“安全为天”的思想和自保互保能力。

（3）加强对矿工心理活动和人体生物节律、生理变化的研究，遇有影响矿工情绪的客观因素时，管理人员要审时度势，掌握矿工的心理动态，及时加以疏导，做出合理安排。

第三节 煤矿本质安全管理信息系统开发与设计

一、安全信息与安全信息管理

安全信息是安全活动所依赖的资源，它是反映人类安全事物和安全活动的一种形式，经过加工，为决策者所利用，并为正确作出决策提供依据。

在企业日常的生产活动中，各种安全标志、安全信号是安全信息，各种伤亡事故的统计分析也是安全信息。安全管理就是借助于大量的安全信息进行管理，只有掌握了准确的安全信息，才能进行正确的决策，更好地为提高企业的安全生产管理水平服务。

（一）安全信息的类型

依据不同的原则，安全信息可以有不同的分类方式。按照安全信息的作用，可将其划分为三种类型。

1. 生产安全状态信息

生产安全状态信息是指生产过程中有关安全状态的信息，具有反映实际安全工作情况的作用。主要包括：

(1) 生产安全信息，如从事生产活动人员的安全意识、安全技术水平，以及遵章守纪等安全行为；投产使用工具、设备的完好程度，以及在使用中的安全状态；生产能源、材料及生产环境等，符合安全生产客观要求的各种良好状态；各生产单位、生产人员及主要生产设备联系安全生产的时间；安全生产先进单位、先进个人数量，以及安全生产的经验等。

(2) 生产异常信息，如从事生产实践活动人员进行的违章指挥、违章作业等违背生产规定的各种异常行为；投产使用的非标准、超载运行的设备，以及有其他缺陷的各种工具、设备的异常状态；生产能源、生产材料和生产环境中的物质，不符合安全生产要求的各种异常状态；没有制定安全技术措施的生产工程、生产项目等无章可循的生产活动；违章人员、生产安全隐患及安全工作问题的数量等。

(3) 生产事故信息，如发现事故的单位和施工人员的姓名、性别、年龄、工种、工级等情况；事故发生的时间、地点、人物、原因、经过，以及事故造成的危害；参加事故抢救的人员、经过，以及采取的应急措施；事故调查、讨论、分析经过和事故原因、责任、处理情况，以及防范措施；事故类别、性质、等级，以及各类事故的数量等。

2. 安全活动信息

安全活动信息来源于安全管理实践，具有反映安全工作情况的作用。具体包括以下几点：

(1) 安全组织领导信息，主要有安全生产方针、政策、法规和上级安全指示、要求及贯彻落实情况；安全生产责任制的建立、健全及贯彻执行情况；安全会议制度的建立及实际活动情况；安全组织保证体系的建立，安全机构人员的配备及其作用发挥的情况；安全工作计划的编制、执行，以及安全竞赛、评比、总结、表彰情况等。

（2）安全教育信息，主要有各级领导干部、各类人员的思想动向及存在的问题；安全宣传形式的确立及应用情况；安全教育的方法、内容、受教育的人数、时间；安全教育的成果，考试人员的数量、成绩；安全档案、卡片的及时建立及应用情况等。

（3）安全检查信息，主要有安全检查的组织领导，检查时间、方法、内容；查出的安全工作问题和生产安全隐患的数量、内容；隐患整改的数量、内容和违章等问题的处理；没有整改和限期整改的隐患及待处理的其他问题等。

（4）安全指标信息，主要有各类事故的预计控制率、实际发生率及查处率；职工安全教育率、合格率、违章率及查处率；隐患检出率、整改率、安全措施项目完成率；安全技术装备率、尘毒危害治理率；设备定试率、定检率、完好率等。

3. 安全指令性信息

安全指令性信息来源于安全生产与管理，具有指导安全工作和安全生产的作用。其主要内容如下：

（1）安全生产方针、政策、法规和上级主管部门及领导的安全指示、要求。

（2）安全工作计划的各项指标。

（3）安全工作计划的安全措施计划。

（4）企业现行的各种安全法规，隐患整改通知书、违章处理通知书等。

（二）安全信息的主要功能

1. 安全信息是企业编制安全管理方案的依据

企业在编制安全管理方案、确定目标值和保证措施时，需要大量可靠的信息作为依据。例如，既要有安全生产方针、政策、法规和上级安全指示、要求等指令性信息，又要有单位内部历年来安全工作经验教训，各项安全目标实现的数据，以及通过事故预测获知的生产安危等信息，作为安全决策的依据。只有掌握了大量可靠的安全信息，才能编制出符合实际的安全目标和保证措施。

2. 安全信息具有间接预防事故的功能

安全生产系统是一个极其复杂的系统，不仅同静态的人、机、环境有联系，而且同动态的人、机、环境结合的生产实践活动有联系，同时又与安全管理效果有关。如何对其进行有效的安全组织、协调和控制，主要是通过安全指令信息，统一生产现场员工的安全操作和安全生产行为，促使生产实践规律运动，以及预防事故的发生。这样，安全信息就具有了间接预防事故的功能。

3. 安全信息具有间接控制事故的功能

在生产实践活动中，员工的各种异常行为，工具、设备等的各种异常状态等大量生产不良信息，均是导致事故的因素。企业管理人员通过安全信息的管理方式，获知了不利于安全生产的异常信息之后，通过采取安全教育、安全工程技术、安全管理等，改变了人的异常行为、物的异常状态，使之达到安全生产的客观要求。这样，安全信息就具有了间接控制事故的功能。

安全信息管理，就是通过数据处理来获取信息，并综合利用信息为制定防范事故的措施和安全管理决策提供依据。安全信息管理的主要任务是：识别使用者的信息需求，按照一定的规则和格式对大量相关数据进行收集、加工、存贮和检索，对信息的传递加以计划，将繁杂凌乱的数据转变为有价值的系统安全信息，并将这些信息及时、准确、适用地提供给企业的各级主管人员以及其他相关人员，使决策机构和有关部门、人员能够及时掌握系统总体的安全状态。

二、安全管理信息系统

安全管理信息系统，是根据安全管理科学的基本原理，以安全信息为对象的管理信息系统。计算机化的安全管理信息系统的建立，可以大大提高信息资源的利用率和信息处理工作的效率，能够充分发挥其存贮量大、速度快、精度高、范围广及人工智能等特点，使信息处理的系统性、完整性、准确性和时效性得到较好的保障，从而为这一任务的完成提供了强有力的手段。

安全管理信息系统和其他管理信息系统一样，不仅是一个技术系统，而且是把人包括在内的人机系统，它具有以下几个特点：

(1) 开发性。如果系统与外界环境之间存在着物质、能量、信息的交换，则称为开发系统。安全管理信息系统有其自身的结构，但这种结构要想发挥其功能，就必须对用户开放，对其他系统开放。安全管理信息系统与企业的其他子系统，如生产系统、运输系统、教育系统、劳资系统等存在着广泛的联系。

(2) 人工性。安全管理信息系统是为了帮助人们利用信息进行安全管理和安全决策而建立起的一种人工系统，具有明显的人工痕迹。

(3) 社会性。信息系统是为了满足人们信息交流的需要而产生的，信息交流实质上是一种社会交流。信息活动起源于人类的认识活动，信息交流现象普遍存在于人类社会生活的各个方面，人的社会属性和自然属性都要求人们收集和传递信息。安全管理信息系统的建立和发展是人类社会活动的结果，它具有社会性。

（4）系统行为的模糊性。安全管理信息系统是个比较复杂的系统，其边界条件复杂多变，系统内部也存在着许多干扰，这种干扰是系统本身所无法克服的。此外，安全管理信息系统是一个人机系统，人作为系统的主体，在安全管理信息系统中起着决定性作用，而人的行为不同于机器的运作，容易受感情和外界环境的影响与制约，具有意向性、模糊性。由于上述两个原因，造成安全管理信息系统行为的模糊性。

安全管理信息系统具有信息处理、信息存储、计划、整体化、前馈与反馈耦合的超前控制、安全管理基础数据的科学化、管理决策的最优化以及企业安全管理性质的现代化等功能。安全管理信息系统的开发，一般应遵循以下几个基本观点：

（1）系统的观点。安全管理信息系统是一个系统，它具备系统的基本特点。一个安全管理信息系统有它的系统目标，整个系统的功能就是为了实现系统总的目标。而安全管理信息系统还可以分解为若干个相互关联的子系统，这些子系统各自有其独立的功能及边界，有各自的输入和输出，它们彼此联系和配合，共同实现系统的总目标。

（2）用户的观点。安全管理信息系统是为安全管理者决策服务的，安全管理者是系统的用户，只有使用户满意的系统才是好的系统，这就要求系统分析设计人员自始至终与用户一起共同进行。系统开发人员必须有这样的观点：不是“我来设计，你去用”，而是“我来设计，为了你的使用”。

（3）阶段性观点。严格区分安全管理信息系统开发工作的阶段性，每一个阶段必须规定明确的任务，审核每个阶段的阶段性文件（成果），该文件是下一阶段的工作依据。如不严格按阶段进行开发，将会给工作带来极大的混乱，甚至返工。例如，系统分析未完成便匆忙选择机型，确定硬件配置；系统设计未完成，就开始编写程序，这些做法都可能造成浪费和返工。

三、煤矿本质安全管理信息系统及其功能模块

煤矿本质安全管理信息系统，是与煤矿本质安全管理体系的实施相配套的

支撑体系高效运行的信息化平台。其目标是根据已建立的本质安全管理体系，利用先进的计算机、通信及自动控制技术，建设一套能够实现危险源辨识、风险分类分级、标准与措施监督考核、危险源监测预警、煤矿企业定期的动态检查、评比，内、外部审核评价，权限管理及基础数据管理等功能的，集安全性、先进性、成熟性于一体的信息化管理系统。

煤矿本质安全管理信息系统以安全信息与经营管理系统为支撑平台，以危险源辨识管理与事故分析为基础，以人、机、环境系统协调为着眼点，从本质安全型人员、本质安全型机器设备、本质安全型环境以及安全管理四个方面消除影响煤矿安全生产的各个因素，最终实现煤矿生产的本质安全。其所包含的基本功能模块如下：

1. 智能诊断平台管理

(1) 智能诊断平台管理包括预警平台设置（具体包括预警名称管理、工作预案管理、通用文档管理）、预警诊断规则管理、多维诊断规则管理。

(2) 预警诊断规则管理，是对预警的各项诊断规则进行定义，从而保证系统能够按照预先定义的诊断规则进行自动预警，提高预警工作的自动化管理水平。

(3) 多维诊断规则管理，可以实现按照多维度（即多因子条件）进行预警诊断规则的定义，提高预警信息的全面性。

2. 预警平台管理

(1) 预警方式设置，实现对预警信息所采用的提示方式进行管理。例如采用在线声音预警、短信预警、RTX 预警等。

(2) 数据采集管理，实现对预警信息所用到的原始业务数据的采集方式、采集方法等信息进行管理。

(3) 插件管理，实现对预警系统所使用到的各种系统插件进行管理，从而保证预警系统的各项子功能能够正常地运转。

(4) 人员预警信息管理，实现对与人员有关的预警信息的管理。例如人员资质信息预警、人员下井时间预警等。

(5) 设备预警信息管理，实现对与设备有关的预警信息的管理。例如设备大修预警、设备保养超期预警等。

(6) 环境预警信息管理，包括对井下实时监测预警管理和通风报表预警管理两大部分功能。

(7) 危险源预警信息管理，实现对煤炭生产过程中存在的各种危险因素进行预警管理，从而避免问题的发生或扩大化。

3. 安全作业平台管理

（1）生产信息管理，包括生产计划管理、采煤生产管理、掘进生产管理三个部分的内容管理。

（2）人力优化控制管理，包括基础资料维护、组织机构管理、全员信息管理、考核培训管理、职业健康管理、职工考勤管理六个方面。

（3）设备与设施管理，包括设备档案管理、设备现场管理、设备维护管理、设备台账管理、设备信息查询和设备预警。

（4）环境不安全因素管理，包括实时检测管理和矿井通风管理两部分功能。

（5）危险源信息管理，包括整改通知单管理、定量评估管理、煤矿资质管理和通用预警信息管理四部分功能。

（6）一通三防管理，包括维护通灭工作调度值班台账管理、维护防灭火记录管理、维护永久通风设施记录管理、维护管路安装记录管理、维护防尘设施安装记录管理、维护钻孔记录管理、维护失修巷道记录管理和维护瓦斯突出记录管理等功能。

4. 综合分析管理

综合分析管理包括报警信息管理、事故救护案例管理（包括事故信息管理、救护组织管理、救护演习管理、事故案例管理）、安全检查与评估管理（包括评估评审表样式管理、评估评审表管理、评估评审分析管理）、数据分析和报表管理（包括统计分析管理、日报表管理、月报表管理、一通三防月报表管理、一通三防季报表管理）等。

5. 系统管理

系统管理是对系统运行所涉及的基础信息设置的管理。具体包括用户管理、角色管理、模块信息、日志管理、机构管理、员工管理、通知管理、基础编码、系统标示、功能矩阵管理、煤矿信息管理、GIS 信息管理、下载插件管理等。

四、煤矿本质安全管理信息系统的开发

（一）系统开发的基本条件

（1）具有一定的科学管理基础。计算机能将大量的数据高速、准确地进行各种加工处理，变为对决策者有价值的信息。但只有输入的数据准确、完整，才能真实反映客观情况，才能产生具有指导意义的输出结果。因此，只有在合

理的管理体制、完善的规章制度、稳定的生产秩序、科学的管理方法以及准确的原始数据基础上，才能真正发挥计算机的有效作用。

(2) 需要一支高水平、专业化的开发队伍。由于安全管理信息系统本身的复杂性，它的开发需要一支由各种专业人员组成的开发队伍。不但要有计算机硬件与软件的技术人员，安全管理的技术人员，还要有既懂计算机又熟悉安全管理工作的系统分析人员，还要有系统硬、软件的维护人员和操作人员、数据管理人员等。而这支来自各部门、各类专业，知识结构不同但开发目标一致的队伍，还要有一个善于组织工作的领导来全面负责系统的开发工作，使全体开发人员分工负责、协同配合，共同完成系统的开发目标。

(3) 系统使用单位最高领导者的领导和支持。开发安全管理信息系统是一项周期长、耗资大、涉及面广的任务，它的开发影响到安全管理工作的制度和方法，也会涉及安全管理机构的变化。这种影响大的开发工作，如果没有单位最高层领导的参与和具体领导，就不能协调各部门的需求和步调，开发工作也将不可能顺利进行。

(4) 具备一定的资源条件。安全管理信息系统需要一套庞大的计算机系统和安全监测系统，包括硬件系统和软件系统，这就使得安全管理信息系统本身需要巨大的开发费用。开发成功后还需要各种系统运行费用，如系统运行维护费，员工培训费，水、电、纸、软盘等日常开支等。另外，随着计算机技术的不断发展和处理业务扩大的需要，一些机器设备也要随之更新并增添功能更强的各类软硬件，这些都需要巨额的投资。

（二）系统开发与设计的步骤

煤矿本质安全管理信息系统的开发与设计，大致遵循如下的基本步骤：

(1) 安全管理需求分析。通过需求分析，深入了解本行业、本企业的实际情况，具体分析现有安全管理基础工作的状况，如现有数据资料的完整情况、数据采集和信息反馈渠道的畅通、信息源（点）及时获取信息的可能性、整体的软硬件环境（技术条件、管理条件）是否具备等，以便为正确决定开发信息系统的时间、规模及目标提供依据。

(2) 数据的采集、加工整理与规范化。数据是信息的载体，是安全管理信息系统要处理的主要对象。数据的收集、加工整理与规范化的工作量十分浩大且要求较高，需要做深入细致的工作。

(3) 系统设计。其主要内容包括总体设计、详细设计、程序设计、程序编码、代码设计和数据库设计等，是安全管理信息系统开发的关键性工作，难度较大，需要进行反复认真的研究分析。

（4）数据库设计。主要工作包括用户需求分析、概念设计、逻辑设计和物理设计。安全管理信息系统一般选用关系型数据库系统，通过建立概念模型来解决数据的完整性、一致性、安全性和有效性问题，使有关的数据模型与数据库管理系统所支持的模式相符合。设计时应本着减少冗余、结构规范合理、容纳尽可能多的安全信息的基本原则。

（5）应用软件编程。针对安全信息管理要解决的不同对象问题，设计各个程序模块，然后选择合适的程序设计语言和必要的软件工具，按模块分别编写相应的计算机程序。在应用软件开发技术方面，尽可能实现优良的人机界面及系统的优化和多功能化。

（6）系统运行调试。首先，对编制完成的各程序模块进行单体调试，确保程序运行的通畅，并具有良好的自检功能和容错功能；其次，在单体测试的基础上，进行系统连接与综合测试，完成系统集成和综合试运行。

（7）系统的验证和维护完善。包括系统目标的可行性、软件程序设计的正确性、有关预测管理数学模型的准确性的验证和整个系统运行的维护完善工作。

第六章　东荣二矿发展现状

第一节　自然状况

一、矿井地理位置

东荣二矿隶属黑龙江省龙煤控股集团双鸭山分公司，位于黑龙江省集贤县境内，三江平原腹地，同三公路在井田中部经过，有局内专线铁路运输，与国铁接轨，矿区交通运输极为便利。

二、地质赋存条件

生产能力为年产量 260 万吨，核定服务年限 34.4 年。井田面积 45 平方公里，地质条件复杂，断层发育，顺槽起伏变化大，采区内共有断层 55 条，每平方公里 22 条断层。矿井可采及部分可采共 18 个煤层，平均总厚度为 23.96 米，煤层倾角一般在 18°~25°。具备大块段低瓦斯等优点，适合安全高效条件。煤炭品种为气煤和长焰煤，具有低灰、特低硫、低磷—特低磷、高发热量的特点，是优质的炼焦、动力、化工、造气、水煤浆用煤。

三、自然灾害情况

东荣二矿矿井涌水量为 230 立方米/小时，排水系统为二级排水，并能通过

KJ-66 型监控系统监测水仓水位和排水泵的运行状况。矿井正常排水能力 573 立方米/小时，加备用泵排水能力 930 立方米/小时，能满足 285 万吨/年生产能力。

东荣二矿煤层具有自燃发火危险，煤层自燃发火期的 3~6 个月。

矿井建立了防灭火系统和各项防灭火措施。以喷洒和灌注阻化剂防灭火为主，地面黄泥灌浆及粉灰系统在 2004 年形成，通过注浆管路向采空区灌粉煤灰浆。井下还配备有两套移动式灌注 CO_2（二氧化碳）系统，当工作面老空区或其他地点出现自燃发火隐患时实施注 CO_2。现在矿井已经形成了 800 立方米/小时注氮系统，即在副井井筒和南西翼大巷内及采区铺设专用注浆管路，注浆管路总长度 18900 米。

采煤工作面采用喷洒阻化剂、注 CO_2 防灭火措施，除此外防灭火手段还有：KJ-66 型计算机监测 CO（一氧化碳）、压注高分子材料堵漏风、均压通风等，及时发现并排查出隐患。

东荣二矿为低瓦斯矿井，2006 年瓦斯鉴定结果，瓦斯及二氧化碳相对涌出量分别为 1.7737 立方米/吨和 2.3649 立方米/吨。

回采工作面治理瓦斯措施主要有加大风量、导风帘、加强有害气体检查、均压等。

矿井预防瓦斯事故除上述措施外还有：杜绝无计划停电停风、所有局部通风机皆按“三专”要求配置、安设风电闭锁、瓦斯电闭锁等。

矿井强化了瓦斯重点管理区的装备和管理，完善安全监测监控手段。每月由矿总工程师组织一次排查，将近距离煤层采煤面、机械化放顶煤工作面、厚煤层综掘巷道等列入瓦斯治理和防尘治理及自燃发火重点管理区进行管理。

矿井装备了 KJ-80 型安全监控系统，采掘工作面等地点按规定设置了瓦斯传感器、一氧化碳传感器，瓦斯传感器实现了超限自动断电。

四、地质储量

2007 年末，东荣二矿可采储量 1.235 亿吨，中厚煤层占 50.9%，主采层为 16 层、17 层、18 层煤，全区发育，可采储量 6100 万吨。尤其是 17 层煤，煤层厚度 1.3~4.2 米，可采储量 2704 万吨，煤层倾角 13°~35°。

第二节　生产系统

一、采掘关系

开采方式为立井开拓，两个水平开采区三个准备采区。开采方式以综采为主，形成两个综采两个准备的开采格局。掘进共有 12 个掘进工作面，3 个综掘面。保证了良好的采接续关系。

二、生产系统与开采方法

东荣二矿采取多采区开采。由采区上（下）山甩片盘形成采面，均采用走向长壁后退式采煤方法，具备完整的通风、出煤、下料及行人的合理可靠的生产系统。

三、主要提升运输设备

主井提升系统采用 JKM–4*4（I）E 型多绳摩擦轮提升机，2007 年提升原煤 223.9 万吨，10 月创出了日提升 594 罐、原煤 0.95 万吨的好成绩，满足了安全高效现代化矿井建设的需要。

副井为摩擦轮式直流拖动提升机，绞车型号为 JKM–3.25*4（I）E，2006 年进行改造，增加一个配罐，用来提升人员和物料，解决了在采煤安装期间各类物料设备的上下紧张情况。

井下运输系统采用三吨矿车运输，运量 400 吨/小时，牵引机车采用 14 吨架线机车，2005 年 3 月对南翼主运输进行改造，更换 24 公斤/米重轨为 43 公斤/米重轨，采用电动道岔，减少了运输事故率，保证南翼主运输能力，为高产高效奠定基础。

各煤仓采用煤仓煤位监测技术，保证了生产环节的合理性与可靠性。

四、采掘工作面主要设备

东荣二矿不断加大采掘装备更新。根据矿区的实际情况，通过引进新装备，不断提高装机容量和单产、单进水平，发挥机械的最大效能。2001 年以来在采煤机更新方面，先后由 MG-200 型更新为 MG-375 型、MG-581 型、MG-591、MG-701 型、MG-940 型，液压支架主要以 ZZ-4800 型、ZZ-6000 型、ZY-4000 型、ZY-3600 型为主。运输皮带由 80 型向 150 型、400 型转化。矿井的年产量也不断递增，从 1996 年产量 50 万吨提高至 2006 年的 230 万吨，并且 2007 年在地质条件不利的情况下完成产量 223.9 万吨的好成绩。同时，还加大掘进装备更新。由建矿的一台 AM50 型掘机发展到现在的 S100 型、120 型、200 型，综掘二队 2005 年、2006 年、2007 年折煤进尺连续突破万米大关。而且，还在掘进系统使用了梭车、液压钻车以及连续化作业线，不仅减少了工人劳动强度，而且加快了施工速度。

第三节　劳动组织与信息化管理

一、劳动组织管理

东荣二矿现有在籍职工 2470 人，其中采煤在籍原煤生产人员 1241 人。本着“以产定人，以效定人”的原则，按照成本倒算和实现最佳效益的方法确定上岗人员，定员生产。职工上、下岗进行虹膜打卡，保证上岗时间，充分发挥工时利用率。井下作业人员实现了定位跟踪系统，并实现了计算机网络化管理。

2007 年，原煤计效产量 223.9 万吨，计效工日 270585 日，原煤生产人员效率完成 8.21 吨/工，达到煤炭行业一级“安全高效”矿井的建设标准。

（一）原煤生产人员的变化情况

2007 年原煤生产人员由最多人数 1250 人减至年末的 1241 人。

减少因素：2007 年原煤生产人员共减少 9 人，其中因长假除名 6 人，转岗到非原煤生产单位3人。

（二）转岗分流、减人增效的具体措施

（1）通过整顿劳动纪律，积极做好减人提效工作。

（2）在劳动组织及人员结构划分方面做了如下工作：

①根据煤炭部煤规字〔1994〕152号文《计算劳动效率有关问题的规定》，严格划分原煤人员与非原煤人员。

②新分配的大中专毕业生及技校生在见习期内从事井下一线工作的作为原煤生产人员中的不计效人员。

③区队负责党政事务的书记及区队事务员、材料员、勤杂工等作为不计效的原煤人员中的服务人员。

④严格统计非生产工日，把各区队派出学习及培训的人员出勤均视为非生产工日。

二、计算机网络化管理

东荣二矿计算机应用工作经过努力探索已具备一定的规模，已达到了行业一级"安全高效"矿井标准的要求，近年来，更是加快了计算机综合一体化建设的步伐，在安全生产、工业监控、煤炭销售、科学管理、后勤服务、经营管理等方面实现了计算机单项应用。在安全监测上实现了矿井计算机联网，工作工资财务实现了自动计算，工作面出煤量标定及矿井总出煤量实现了核子秤自动计量，计算机综合一体化的实现取得了显著的经济效益和社会效益。

紧紧围绕行业级"安全高效"矿井标准要求，根据矿井实际，不断开发新的应用软件和购置新的机器设备，运用计算机先进技术大胆探索，勇于创新，以矿井为模式，走出了一条计算机应用的成功之路。

（一）矿井生产调度方面

矿井生产调度及井下主运系统实现了可视化大屏幕显示远程监控，建立了32台KTW6通信基站，投用150部小灵通，使生产信息覆盖各生产环节。在井下各采煤面、掘进工作面及其他主要工作的点、各要害部位，均安设了与井上调度直接联系的电话，呼叫畅通，保证了矿井生产的安全、及时、迅速。

（1）调度台管理信息系统实现了调度值班记录、调度日报表等工作的计算

机管理。

（2）KJ–80 型综合监控系统能够实时显示井上下主要生产设备的运转情况，并能查看历史数据，便于分析事故。

（3）生产调度管理信息系统能够处理领导值班情况、安全情况、各类煤炭产量、进尺、区队生产情况。

（二）机电管理方面

（1）机电设备管理系统，主要具有机电设备入库、领用、报废、统计、报表输出等功能。

（2）主、副井提升机运行安全监控系统，能够实现运行状态、数据管理、过程控制等功能。

（三）备品配件方面

东荣二矿供应站采用“供应管理系统”，该系统主要包括计划管理子系统、器材供应市场信息子系统、合同管理子系统、仓库管理子系统、财务管理子系统、器材统计子系统和决策信息管理子系统。该系统组联成局域网络，使用后减轻了器材供应人员的劳动强度，提高了工作效率和质量，减轻了不必要的库存积压，提高了器材供应管理的整体效率。

（四）财务管理方面

财务管理系统包括账务处理子系统和报表处理子系统等，成本核算、销售核算、工资核算、商品煤销售和工资核算辅助等功能均通过 ERP 系统来实现。这些系统目前在矿区财务科得到了广泛应用，取得了良好的效果，为矿区经营管理起到了巨大的促进作用，不仅减轻了财务人员繁琐重复的劳动，而且增强了财务管理的科学性、公正性、准确性，极大地提高了工作效率。

（五）工资管理方面

劳资管理系统包括劳动工资统计子系统、劳动工资核算子系统、劳动定额管理子系统、养老保险统筹子系统、劳动人事管理子系统、煤矿安全考勤子系统、井下人员定位、职工出勤统计子系统和个人收入记账子系统，这些子系统不仅极大提高了工资核算、分配的效率，而且提高了分配的科学性、统一性和合理性，减少了不少人为的失误，取得了明显的效果。

（六）干部管理方面

该系统对东荣二矿干部的姓名、籍贯、学历、简历、政绩等重要人事信息进行科学管理，能够实现人事档案管理、各种统计报表自动生成等功能，对东荣二矿的干部人事管理起到了很大的作用。

（七）生产计划管理

该系统主要对全矿的生产活动做出科学、合理的计划，使东荣二矿的生产活动井然有序，减少了盲目性。

（八）通风管理系统

KJ-80 型综合监控系统实现了超限报警，并与矿调度室、通风工区及其他相关单位实现了联网，能把井下的一氧化碳、瓦斯浓度、温度、风速、主要联络巷风门开关、局扇运转等环境参数传送到地面调度台上，同时在矿领导和有关单位的计算机上也可以通过矿区局域网方便地看到这些数据。

（九）安全保卫监控系统

该系统通过安设于工厂区域内各门岗、关键部位等地点的摄像仪，以及安设于西北门岗的卡口系统，能够监视工厂区域内各要害岗点及运煤车辆的情况，以便随时掌握发生的问题。

第四节 环境保护

矿井设计对环保做了全面考虑，环保设施配套齐全，运转正常。根据工作需要，矿区成立了环境保护领导小组，建立了环保办公室，并配备了专职管理人员两名，建立健全了各项管理制度和措施，加强了对污染的治理。矿区在局环保监测站的业务指导下，锅炉烟尘排放合格，格林曼黑度Ⅰ级。每年对除尘设施进行检修。局监测站每年定期对烟尘、生活用水、矿井排水、噪声等现场取样化验，各种数据均不超国家规定值。对生活用水岗位职工每年进行一次体检，严格执行各项制度。

一、矿井水

矿井建有地面水处理站一座，系统运转率100%。矿井水经过处理达到《污水综合排放标准》中的Ⅱ级标准，井下处理实现了矿井水综合利用。处理后的矿井水一部分作为井下防尘、生产用水，一部分供地面用作工业生产用水，其余部分排入人工二道河子，矿井水利用率达90%以上。

二、生活污水

矿井生活污水主要是浴池、食堂废水，单身宿舍及办公楼下水道的污水。矿区有4PW污水泵3台、80P W导水泵3台，生活污水经处理、消毒后达到GB8978-88《污水综合排放标准》Ⅱ级。

三、大气污染防治

矿井锅炉房使用CFOS10J 4台、FOSCH 1台，标准为400毫克/立方米，烟气的林格曼黑度在燃烧周期内小于Ⅰ级，符合规定要求。

四、主要噪声防治

通过安装消音器、扩散塔、吸音板等措施对噪声进行了防治与控制，主、副井及车房，扇风机房噪声治理，经监测均达到国家规定标准。

五、废渣处理

矿井废渣为矿石和炉渣，用于附近农村铺路、加高加固下沉区路基以及防洪堤坝、回填取土坑等，未对环境造成影响。

第七章　东荣二矿本质安全管理模式

对于煤矿企业而言，本质安全型矿井是通过追求人、机和环境的安全和谐统一，最终实现管理无漏洞、设备无故障、系统无缺陷、人员无“三违”、安全无事故的恒久性安全目标。要实现本质安全的目标，尤其是实现广义的本质安全，是一项非常艰巨而又迫切的任务。本质安全型煤矿强调的是整个生产系统的安全，而不是致力于单个子系统（或构成元素）的本质安全程度的提高。一般将本质安全型煤矿的构成要素分为本质安全型人、本质安全型设备、本质安全型作业环境和本质安全型管理四个方面。本质安全型人、机（设备）、环境、管理因素的最佳匹配是指在现有的经济技术条件下，充分利用管理的手段，将人、机、环境本质安全有机地结合起来，使系统安全功能达到最优化。建立本质安全型煤矿就是把本质安全所强调的整个系统的稳定、可靠与和谐，引申、应用和提升为安全生产理念，从传统的“事故过程预防”向“事故初始预防”方向转变，从根本上消除或最大限度减少人、机、环境和管理等要素中的危险源，保证人、机、环境和管理要素达到最佳匹配，使系统中的人、机、环境和管理各要素达到最佳安全状态。

东荣二矿从以下六个方面构建了本质安全管理体系：一是实现人的本质安全，使员工在任何情况下均能正确操作，避免人为失误，实现个体安全；二是确保设备的安全可靠运行，从人因工程方法保证设备无论是在生产、停机还是在维修过程中始终都处于安全状态，不与人的不安全行为发生轨迹交叉；三是控制危险源，使作业环境保持较小的灾害风险，不因人的不安全行为或物的不安全状况而发生重大事故，形成“人机互补、人机制约”的安全系统；四是制度规范、管理科学，杜绝管理失误，在生产中实现零缺陷、零事故的一种安全生产状态；五是健全安全文化体系，烘托安全氛围，提高员工的安全意识和安全素质；六是建设本质安全信息管理系统，提高本质安全管理的水平和层次。

第一节 人的本质安全管理模式

一、培养本质安全人的必要性

人是生产力中最活跃的因素，是安全生产的主体。人的不安全行为是导致安全事故发生的重要原因之一。就煤矿安全生产而言，人的行为不确定性是安全生产中的一个变数，能否实现本质安全型矿井的关键在于人。近年来，国内外大量的调查统计表明，由于人的不安全行为而导致的事故占事故总数的70%~90%。同样，据统计，煤炭行业80%以上的事故都是由于现场管理不善和职工违章造成的。这说明人的不安全行为是危及安全生产的主因，人的本质安全相对于物、系统、制度三方面的本质安全而言，处于先决性、引导性、基础性地位。从外因来看，人是与系统中物、环境与管理发生直接关系的因素，所以即使在与其他因素的作用中发生微小的失配与不协调，也极易导致事故的发生；从内因来看，人的安全思想、安全技能、安全心态、安全行为、安全效果等一系列因素的作用，导致人的不确定性，更是本质安全的重大障碍。综合各方面因素来看，"以人为本"正是推动人的本质安全的最有力的措施。搞好本质安全化矿井建设必须首先实现人的本质安全化，即人的思想、技能、行为的本质安全。

二、东荣二矿本质安全人管理模式

东荣二矿人员流动性大、结构复杂，技术人员素质参差不齐，职工队伍的较低文化素质状况严重制约着煤矿的安全生产。为了满足现代化矿井的需要，需要在塑造本质安全人方面做大量工作。

人员本质安全化要求操作者有较好的心理、技术素质，即具有想（强烈的安全意识）、会（安全技能+专业岗位知识）、能（能遵守制度+能创造安全环境+能正确操作设备）的基本条件。为了进一步完善本质安全型矿井的构建，东荣二矿着重从以下几个方面塑造本质安全人。

（一）完善人力资源管理机制

根据企业人才资源现状和发展战略要求，东荣二矿人力资源战略的总体目标是总量收缩、结构优化、素质提高。因此，需要重点做好企业内部人力资源开发、引进人才，企业外部人力资源开发工作。制定人力资源开发的总体规划、人员补充规划、培训开发规划、人员裁减及员工使用和管理计划，从而使企业形成精干的管理机构和研发机构，不断提高管理者的素质和水平，增强企业市场竞争能力，使企业不断适应市场变化的要求，保证企业持续、稳定地发展。

人力资源管理机制的核心在于转变思想，留住人才，任人唯贤，人尽其能。煤炭企业的人才建设应以“外向型”和“内向型”进行双向定位。“外向型”就是企业主动与高等院校和职业技术学校开展教育合作，拓宽人才教育培养渠道。一是利用助学金制度委托高等院校吸引和培养高、精、尖人才。根据企业发展需要，以提供助学金方式委托高等院校培养急需人才，以拓宽吸引和培养高、精、尖人才渠道，促进企业技术人员队伍的发展。二是变招工为招生。以职业技术学院、技工学校为依托，根据煤炭生产发展需要，实施“订单”式培训，主要技术岗位变招工为招生，以实现初、中、高三级职业技术教育、学历教育和岗位培训相互衔接，逐步使关键技术人员达到中等以上文化程度。“内向型”就是定位于企业内部培养人才。煤炭企业人才资源有着深厚的积淀，要盘活现有人才，发挥职工的基础作用，建立职工技术人才库，创新成果资源库和职工素质档案库。树立用人所长、容人所短的思想，按照人才成长规律和特点识才、用才，鼓励人才干事业，支持人才干成事业，帮助人才干好事业，不断提高现有职工的知识技能，制定与技能水平挂钩的薪酬制度，以造就知识新、素质高、技术熟练的高技能煤炭人才队伍。

（二）加强安全培训，提高职工安全素质

随着企业生产技术不断发展，机械化装备程度不断提高，对劳动者的知识技术水平的要求也越来越高，而大量文化水平低、缺乏专业技术知识、技术素质不高的煤矿职工无法适应现代化大生产的要求。而本质安全型人要求员工完全具有适应生产系统要求的生理、心理条件，具有在生产全过程中很好地控制各个环节安全运行的能力，具有正确处理系统内各种故障及意外情况的能力。因此，全面提高职工队伍的技术文化素质是一项十分重要的任务。

近年来，东荣二矿高度重视职工队伍综合素质的提高，不断加大人才培养

力度。在方式上，采取分层次、有重点、专业培训与岗位培训相结合的方法。在内容上，有计划、有步骤地开展了安全培训、岗前技能培训等，培训工作初步实现了规范化、系统化、专业化。并采用培训与引进相结合的方式，不仅对内加强培训，还先后与黑龙江职业技术学院、黑龙江科技学院合作，使其职工培训中心成为黑龙江职业技术学院分院和黑龙江科技学院实习基地，开办了各类中专班和大专班，为职工学习提供了良好的环境。同时实行“一专多能、多证加薪”制度，调动了职工学业务、学技术的积极性，在全矿范围内形成了“尊重知识、尊重人才”的良好氛围。经过多层次、多渠道培训和多年实践锻炼，全矿员工整体素质得到了较大提高，矿区培养出了一支具有较高操作技能和丰富生产经验的过硬队伍，为高产高效矿井建设提供了有力的人才队伍保障。

1. 增强安全意识

强化理念灌输，要充分利用各种宣教形式，大造声势、强力渗透，让“安全第一，生产第二”、“管生产必须管安全”、“安全事故都可以预防，事故隐患都可以控制”等安全理念深入人心；加强职工安全常识和必知必会教育，全面落实“一岗一标、一人一卡”岗位责任制，确保每一名职工都能熟练掌握本工种的必知必会知识，达到100%持证上岗，从源头减少人的不安全行为。在这个过程中，矿区始终把安全文化建设摆在突出位置，坚持电视、广播、宣传栏等传统宣传形式与网络电教化等现代传媒手段相结合，通过电视广播话安全、互联网络看安全、文化娱乐演安全、生产工作示安全、社区家庭说安全，营造浓厚的安全文化氛围，在潜移默化中提升员工的安全意识，树立牢固的安全观念，从思想上实现本质安全。通过以上宣传教育，使员工摒弃以下错误观念：

(1) 听天由命的消极观念。由于井下条件复杂、环境恶劣，一些矿工认为生命安全完全依赖于现场自然条件、矿井安全设备保障等，个人只能听之任之。实际上，在煤炭生产的过程中，人类积累了丰富的经验，再加上现代科技发展日新月异，大量新技术得到应用，人类认识改造井下条件、规避防范风险的能力明显增强。

(2) 盲目冒险的侥幸观念。部分矿工认为生产任务比较重，在内心深处将自己的违章行为合理化，认为不违章就不能正常生产，不违章就完不成工作任务，不违章就不能多挣钱等。煤矿安全生产的实践说明，十次违章十次险。许多煤矿曾经发生过的零敲碎打事故，基本上都是由职工违章造成的。

(3) 麻痹松懈的懒惰观念。有些职工越是在复杂的条件下越能保证安全不出事，而在条件相对较好的时候反而做不到安全生产；有些职工刚参加井下工作时小心谨慎，十分注意自我保护，工作时间长了反而变成了"憨大胆"。安全与不安全是相对的，在不安全的地方采取有效防范措施能够保障安全，在相对安全的环境下违章蛮干也会酿成事故。煤矿井下作业，必须时刻把安全放在首位，谁麻痹松懈，谁就要出安全问题。

2. 提高安全技能

随着工业技术革命和科学技术的发展，生产技术逐步向高、精、尖转变，简单劳动和经验管理已无法有效地组织生产，而且更难以保证人身安全。这就要求劳动者必须具备过硬的作业技能，具备驾驭现代装备的能力。

煤矿井下条件十分复杂，作业环境特殊。矿工要按照规定接受入井培训和岗位培训，学习掌握下井的基本常识、井下灾害防治基本知识、自救互救技术、《煤矿安全规程》和《煤矿工人技术操作规程》等，还要根据工作地点或本人工种的变化，及时学习掌握新的安全、操作要求。要大力开展岗位练兵、技术比武、业务竞赛活动，积极加强员工业务技能培训，着力提高员工应知应会水平。要重点抓好安全生产法律法规和业务技能知识的学习，做到"五学"，即定期组织员工轮训系统学，分专业、分岗位、分工种开设培训班专题学，井下现场实际操作示范学，典型事故案例警示学，安全知识考试督促学。形成安全技能教育的重叠效应，使员工熟练掌握安全生产技能，熟悉本岗位、本工种的业务流程、工作标准，了解工作中的潜在危险以及规避措施，使员工不仅知道"我应安全"，而且要"我懂安全，我会安全"。

3. 安全行为培养

通过学习可以开发智力、增长智慧、提高自己对复杂问题和危险情况的判断、处理能力，同时养成良好的安全行为习惯也是至关重要的。有的矿工工作拖拉，当班任务不能当班完成，常常加班加点，打疲劳战；有的三班倒矿工只顾玩乐，不注意休息；有的矿工沾染上其他不良生活习惯，不仅危害身体，而且危及安全。因此，要做到正规循环，规范操作，在规定的时间内完成当班任务。抓区队、班组安全技术培训要借助安全活动与超常规的安全教育来努力提高职工的整体安全技术素质，积极推行"每日一题"、"每岗一题"、"现场帮教"等形式多样的安全活动。自下而上，从工人到班组、区队逐级进行座谈，谈安全思想、谈对安全的认识，让每一个职工都来关心"自身"并成为自觉行为。

4. 实行岗位准入制度

煤炭企业实现安全生产的关键在于人，任何岗位都存在岗位适合性，即对从事该岗位人员有一定的要求。要实行煤矿各类从业人员的准入制，重点是井下从业人员，尽可能把安全素质好、技能高、自我防护意识强的人员配备到各岗位上。

5. 采用多种方式，加强安全监管

安全监管在煤矿生产过程中起着非常重要的把关作用。要深化监督检查，提高安全监控水平。推行安全责任监控和安全信息监控，对不同层次的安全管理人员上岗情况和各个班组、地点的安全隐患实行动态循环控制，努力消除人的不安全行为。

井下生产单位之间密切合作，每个单位也是集体作业，班次与班次之间、矿工与矿工之间的保安情况既互为前提又融于一体，发挥好集体智慧和团队作用，更能提高保安程度。矿工要做到：一是互相交流、沟通情况。交接班时要交清安全状况，职工之间要换位思考，经常互相提醒。二是互相创造良好的安全条件。每个班次、每个职工都要在做好自身安全工作的同时，积极为下一班次、为其他职工创造安全环境，不能留下安全隐患。三是狠反“三违”。迁就和容忍工友的“三违”行为害人害己，要理直气壮地抵制违章指挥，制止违章作业，真正爱护工友的生命，保证安全生产。

要充分发挥安监员、安全网员、青年岗等组织作用，建立职工安全生产行为档案，构建员工安全行为监控管理平台，对井下作业人员实现定位跟踪系统，并实现计算机网络化管理。配套相关安全绩效考核制度，定期排定员工安全等级，分析查找原因，采取相应跟踪帮扶措施，形成动态安全管理监督控制系统，使按章作业、干标准活、上标准岗成为员工的自觉行动，实现人的动态本质安全。

第二节　设备的本质安全管理模式

装备与技术是防止煤矿发生重大事故的重要手段，从某种意义上讲，有什么样的装备技术就有什么样的安全状况。煤矿机器设备的本质安全化，即选用的机器设备既要考虑其生产效率，又要考虑安全可靠性。提高煤矿机器设备的装备水平是建设本质安全型矿井的有效途径。多年来的安全管理经验证明，单凭“高压”与“严管”换不来安全，提高机械化水平、推广使用本质安全型设备，为职工创造宽松、舒适的作业环境是实现本质安全的最有效途径。

目前，东荣二矿采掘设备生产能力已基本满足高产高效的要求，但设备的可靠性较差、服务寿命短。因此，设备的本质安全化应从加大老设备更新换代、老系统的技术改造，推广应用新技术、新产品，进一步提高系统、装备运行的安全可靠性，适时调整生产布局，推行集约化生产方式，大力发展机械化和自动化入手，确保设备本质安全，切断事故致因链条，从根本上防止事故发生。

一、加大设备安全投入

我国煤矿重特大事故的不断发生，与长期以来安全投入严重不足和设备使用的不合理有密切关系，而如何改变当前的煤炭企业安全状况，实现煤矿安全生产的本质安全，建立长效的安全机制，需要多管齐下，其中增加安全投入并且能够科学合理地使用设备是一项极其重要的措施。本质安全主张通过工程技术措施消除、控制系统中的危险源，这就要求企业采用先进的、安全的生产工艺、机械设备、装置等，为操作者提供安全的生产作业条件。煤炭企业必须承担主要的安全生产责任，保证足够的安全投入以提高本质安全生产设备的占有率，从源头上杜绝安全事故的发生。

东荣二矿在构建本质安全管理模式过程中，首先，严格按照《煤矿安全规程》等法律法规的标准要求，按《煤炭生产许可证》核定的生产规模，科学、合理、足额提取安全专项费用、维检费用，并确保专款专用，尤其应倾向于基础安全设施的建设和设备的购置。其次，推广应用安全生产科技成果和先进适用技术，提高矿井采掘机械化、监测监控、瓦斯抽采、防治水等安全生产技术装备水平，安全信息化建设及设备的安全运行等。

二、加快设备的本质安全化改造与更新

装备的本质安全主要取决于装备本质安全特性的高低和各类保护设施的完好。装备的本质安全对煤矿安全的贡献是巨大的，有学者统计了采煤机械化程度与百万吨死亡率之间的关系——采煤机械化程度越高，百万吨死亡率越低。因此，科学合理地编制和实施本质安全型矿井装备计划，努力实现矿井安全生产装备的智能化、现代化、机械化，尽可能地提高工作面的机械化程度，提高人机互补、人机互保的本质安全程度。设备的本质安全化主要可以从两个方面

入手，即设备的本质安全化改造和更新。

实践证明，依靠先进设备，走新型工业化道路，是实现安全生产的根本出路。东荣二矿属于双高矿井，必须开发综采工作面设备配套技术和装备。在设备更新上，应该对在用的国家明令淘汰设备逐步加以淘汰，更新时应瞄准国际先进水平，从设计、组织、设备、队伍等方面进行大胆创新，实现煤矿生产集中化、矿井布局规模化、井巷支护锚喷化、主运输系统胶带化、安全监测监控自动化。东荣二矿目前已应用包括具有故障诊断和智能控制系统的大功率电牵引采煤机，刮板输送机软启动技术；引进液压支架控制技术和配套设备，实现液压支架本架、邻架、成组和远距离控制；采用大功率综采设备安全供电关键技术和装备，智能化大型组合开关和大容量移动变电站；引进矿用长距离动力带式输送机多点驱动及监控技术等。

在设备的本质化改造上，要强力推行矿井安全防护技术，结合设备的使用情况和安全生产要求，开发各类保护设施和保护装置，改进设备本质安全性能，实现设备本质安全，有效地改善矿井安全生产状况。例如，上齐弯道报警、综掘工作面防尘和双风机、双电源等安全设施，进一步提高矿井安全科技含量，实现依靠科技保安全。目前，东荣二矿已经对有安全隐患的设备进行部分改造。

(1) 东荣二矿副井为摩擦轮式直流拖动提升机，在长期运行的过程中，由于负荷过重，在繁忙的物料和人员运输过程中，易产生一些事故隐患。因此，增加一个配罐，有效解决因各类物料设备的上下运输而导致的人为伤害事故。

(2) 井下运输系统采用三吨矿车运输，运量400吨/小时，牵引机车采用14吨架线机车，2005年3月对南翼主运输进行改造，更换24轨为43公斤/米重轨，采用电动道岔，在保证南翼主运输能力的同时，降低了运输事故发生率，为高产高效奠定了基础。各煤仓采用煤仓煤位监测技术，保证生产环节的合理性与可靠性。

(3) 为了提高设备的可靠性，提升矿井生产能力，东荣二矿不断提高装机容量和单产、单进水平，为本质安全矿井的创建提供了坚实的基础。在运输设备方面，运输皮带由80型向150型、400型转化。同时，还加大掘进装备更新，在掘进系统使用了梭车、液压钻车以及连续化作业线，减少了工人劳动强度，在提高施工速度的同时，加强了对作业人员的防护，设备的安全性迈上了新的台阶。

因为设备的不安全因素主要有：①没有按规定配备必需的机器、设备、装置、工具等；②机器、设备、装置、工具的选型不符合实际需求；③机器、设备、装置、工具的安装不符合规定或实际要求；④机器、设备、装置维护（修）不到位；⑤机器、设备、装置、工具安全标识不齐全或不规范；⑥机器、设备空间不满足作业条件；⑦设备的其他不安全因素。所以，东荣二矿在设备本质安全化方面进一步考虑以下方面：

（1）调整装备结构，采取国内外相结合，从中选取高强度、大功率、高可靠性的配套设备。

（2）加快设备的升级换代，坚决杜绝非煤安标志产品的下井使用。

（3）推广应用强度高、精度高、可靠性好、智能控制的先进设备。

（4）完善生产监控调度系统和安全检测系统，实现现场、矿井上下要害场所及主运系统的安全可控装备，提升安全生产监控水平。

（5）积极推动创新成果的转化和应用。

（6）及时淘汰危及安全生产的落后技术、工艺和设备，积极推广应用安全生产新技术、新工艺、新材料、新装备，足额配备防爆胶轮车和防爆装载机、完善胶带运输系统保护和安全装置、推广使用综采工作面超前支架和连采设备运输拖车，切实抓好地面洗选运销系统粉尘超标地点的非防爆设备更换。

（7）增加备用系统（设备），使每台单元设备都能完成同样的功能，一旦其中一台或几台设备发生故障时，系统仍能正常运转，不致中断正常运行，从而提高系统运行的可靠性，也利于系统的抗灾、救灾。

（8）对处于恶劣环境下运行的设备采取安全保护措施，如对处于有摩擦、腐蚀、侵蚀等条件下运行的设备，应采取相应的防护措施，对震动大的设备应加强防震、减震和隔震等措施。

三、注重安全科技成果转化

东荣二矿坚持科技兴煤的方针，着力推进企业的技术进步，具有较强的技术推广应用和消化吸收能力。近几年在采煤方法改革、井巷掘进与支护等方面取得了明显成效，较好地适应了东荣二矿的开采条件，为进一步实现安全高效开采与可持续发展奠定了基础。

几年来，东荣二矿根据复杂的地质条件，以科技兴矿为主导思想，优化设计，提高单产、单进水平，更新设备，加快系统改造步伐。根据断层多、围岩易风化等实际地质情况，依靠先进技术，大搞产学研一体化，选择大功率、自动化、高可靠性设备，将创建具有二矿特色的“行业级安全高效矿井”为目标，全面组织实施了科技兴矿战略，有效地提高了矿井科技含量。把科技进步摆在矿井发展的战略地位，确立了依靠科技进步，建设高标准现代化矿井的发展思路。对矿井生产建设中急需解决的技术关键和难题，集中力量成立课题组，全力攻关。并与公司科技中心、生产处、黑龙江科技学院及山东工商学院（原中国煤炭经济学院）等多家科研单位共同研究、开发出了100多项科研成果。其中，经鉴定获市级以上奖励的成果有11项，省级以上奖励的成果有2项，创综合经济效益8000余万元。目前，已实现了采掘综合机械化、井下运输连续化、主井提升自动化、安全监控微机化，并实现"三遥"，达到了安全高效矿井的标准，自动化矿井建设已初具规模。

今后，东荣二矿将进一步加强应用技术和装备的研究，加快科研成果转化。抓好煤矿安全科技成果的推广与转化，推广一批先进适用的新技术。逐步建立以企业技术中心为主导，各部门广大技术人员为依托的科技创新体系，完善激励机制，落实相关待遇。继续实施"走出去"战略，推进产学研相结合，与科研院所联合，围绕硬煤开采、大采高综采过断层、薄煤层机械化、轻放工艺等生产技术难题，开展科技攻关、技术开发、技术引进、技术革新和技术改造，提高煤炭生产的科技贡献率。

四、加快安全信息化建设，夯实煤矿安全基础

随着企业改革、改制、减员增效工作的深入，劳动生产率大幅度提高，但岗位缺员、撤并影响到安全生产，解决此问题的主要途径是依靠科技，加快信息化、自动化和数字化技术的步伐，用高科技保安全，这是煤矿实现安全生产的必然趋势。这就要求煤矿企业加大投入力度，利用现代化仪器、仪表对运行中的设备状态参数、重大危险源进行在线监测和故障诊断；当出现异常现象时能自动报警，并且做出应急反应；采用机械化、自动化和遥控技术代替手工操作，这是提高劳动生产率、降低劳动强度、减少设备故障率、防止错误操作、保证操作者和设备安全最有效的措施。

东荣二矿安全信息化经过努力探索已具备一定的规模，达到了行业一级"安全高效"矿井标准的要求。近年来，东荣二矿进一步加快了信息综合一体化建设的步伐，在安全监测上实现了矿井计算机联网。全矿有100多台计算机能够上网，正逐步发挥着其深层次的作用，计算机综合一体化的实现取得了显著的经济效益和社会效益。

为了进一步加强安全管理，以信息化促本质安全化，应紧紧围绕行业级“安全高效”矿井标准要求，根据矿井实际，不断开发新的应用软件和购置新的机器设备，运用先进信息技术大胆探索，勇于创新，走出一条以信息化建设促安全的成功之路。

1. 矿井生产调度信息化

在井下各采煤面、掘进工作面及其他主要工作的点、各要害部位，均安设与井上调度直接联系的电话，矿井生产调度及井下主运系统采用可视化大屏幕显示远程监控，建立通信台，使生产信息覆盖各生产环节，保证矿井生产的安全、及时、迅速。

（1）调度台管理信息系统实现调度值班记录、调度日报表等工作的计算机管理。

（2）综合监控系统能够实时显示井上下主要生产设备的运转情况，并能查看历史数据，便于分析事故。

（3）生产调度管理信息系统能够处理领导值班情况、安全情况、各类煤炭产量、进尺、区队生产情况。

2. 机电管理信息化

（1）机电设备管理系统，主要具有机电设备入库、领用、报废、统计、报表输出等功能。

（2）主副井提升机运行安全监控系统，能够实现运行状态、数据管理、过程控制等功能。

3. 通风管理系统信息化

KJ-80综合监控系统能够实现超限报警，并与矿调度室、通风工区及其他相关单位实现联网，能把井下的一氧化碳、瓦斯浓度、温度、风速、主要联络巷风门开关、局扇运转等环境参数传送到地面调度台上，同时在矿领导和有关单位的计算机上也可以通过矿区局域网方便地看到这些数据。

这样，以实时安全综合信息为内容的矿井安全计算机管理系统，对生产系统实行全过程、全方位的监测监控，把各种保护设施和瓦斯、煤尘、水、通风设施、冲击低压的状态形成可视可控的无缝网，把其使用或变化情况及人的不安全行为置于掌握之中，发现异常立即采取相应的对策和防范措施。

加快信息化、自动化和数字化技术的步伐，用高科技保安全，这是矿山实现安全生产的必然趋势。煤炭企业要抓住机遇加大投入力度，利用现代化仪器、仪表对运行中的设备状态参数、重大危险源进行在线监测和故障诊断；当出现异常现象时能自动报警，并且做出应急反应；采用机械化、自动化和遥控技术代替手工操作，这是提高劳动生产率、降低劳动强度、减少设备故障率、防止错误操作、保证操作者和设备安全最有效的措施。

东荣二矿应该抓住建设“数字化”矿山的机遇，用高科技保安全。通过信息化建设，优化业务流程，推进企业扁平化管理，建立企业生产经营、安全管理的基础数据库，实现资源共享、信息集成，为安全管理提供决策依据，促进企业向本质安全化发展。

五、加强设备检修和运转环境管理

严格加强矿用设备的安全管理。要严把矿用设备的安全准入关，井下机电设备必须取得煤安标志后，方可下井使用；要建立严格的矿井在用设备的监测检查制度，加大对在用设备安全运行的实时监测；要克服拼设备的习惯，切实落实好设备强制性计划检修制度；严格实行包机制，每天两个小时的设备检修、保养时间必须坚持，雷打不动；降低事故率，提高开机率，全面提升整个工作面设备运转环境的可靠程度，切实把机械化生产的优势发挥出来；加强预防性维修，制定相应的维修制度，并认真贯彻执行。

第三节　环境的本质安全管理模式

煤矿井下作业环境是人工开拓出来的半封闭式空间，生产条件千变万化、工作空间受限、工作场所不断改变、通风照明不良、振动与噪声强度大、高温高湿、空气中含有粉尘和有害物质，这些环境因素直接影响煤矿安全生产和矿工的作业安全可靠性。因此，要实现煤矿本质安全化，必须创建一个安全、卫生和舒适的作业环境，即环境的本质安全化，它可以提高工效、减少劳动强度和人的不安全行为，减少事故发生。

一、搞好煤矿安全质量标准化工作

提升安全质量标准化水平，创造本质安全的作业环境，是加强煤矿安全基础管理水平，建立安全生产长效机制的基本途径，对本质安全型企业起着决定性作用。要始终把安全质量标准化建设作为煤矿安全管理的基础工作来抓，强化企业安全生产管理基础。

人的心理状态很容易受环境的影响，搞好安全质量标准化工作正是创造良好环境的有效途径之一。安全质量标准化就是要求煤矿各生产岗位、生产环节的安全质量工作，必须符合法律、法规、规章、规程等规定，达到和保持一定的标准，使煤矿企业生产始终处于良好的安全运行状态。安全质量标准化必须下大力气去抓好落实，采取一切办法保证工作环境符合国家规定的各项标准，让员工在良好的环境中工作，有效地保护劳动者的身心健康和安全。要响应集团公司“五个坚持”要求，高标准，严考核，全面抓好落实小班安全质量评估管理和质量标准化验收管理。继续实施精品战略，加大质量标准化工作的考核力度和奖罚力度，营造比学赶超的良好氛围，不断增强基层单位抓好质量标准化的自觉性。

二、优化矿井通风系统

最优化的矿井生产系统，是实现各生产环节高效、安全、协调运作的根本保证。对煤矿来讲，各生产系统是矿井生产的主体，矿井生产系统是否完善在安全生产方面起着决定作用。

要加快老区改造，优化通风系统，井下所有永久风门全部采用闭锁装置，主要通车风门实现风门自动、声光语音报警。高度重视局部通风管理，煤巷、半煤巷局部通风机全部实现双风机双电源自动切换装置，杜绝无计划停电停风。全面推广风网解算软件，利用科学手段调整系统、合理配风。进一步完善“一通三防”管理体系，全面落实通防管理责任制。要进一步细化以安全生产第一责任者为首，总工程师技术总负责的通防管理体系，由下而上层层签订通防管理责任状。凡是矿井风量不足、通风系统不合理、高（突）矿井安全监测系统不完善或未执行“四位一体”防突措施、跟班瓦斯员配备不足的一律限产或停产整顿。

三、强化重大灾害防治

围绕灾害预防，加强危险源的研究、辨识和控制，解决制约安全生产的关键难题，有效防止危险源的滋生、扩大和爆发，尽可能地减少或避免各类安全隐患，把事故消灭在萌芽状态，实现矿井生产零缺陷、零事故，基本形成无灾可救、无险可抢、无事故发生的格局。

（一）火灾防治

东荣二矿煤层具有自燃发火危险，煤层自燃发火期为3~6个月。矿井建立了防灭火系统和各项防灭火措施。以喷洒和灌注阻化剂防灭火为主，地面黄泥灌浆及粉灰系统在2004年形成，通过注浆管路向采空区灌粉煤灰浆。井下还配备有两套移动式灌注二氧化碳（CO_2）系统，当工作面老空区或其他地点出现自燃发火隐患时实施注CO_2。现在矿井已经形成了800立方米/小时注氮系统，即在副井井筒和南西翼大巷内及采区铺设专用注浆管路，注浆管路总长度18900米。采煤工作面采用喷洒阻化剂、注CO_2防灭火措施，除此以外，防灭火手段还有KJ-66型计算机监测一氧化碳（CO）、压注高分子材料堵漏风、均压通风等，要及时发现并排查出隐患。

（二）瓦斯防治

东荣二矿为低瓦斯矿井，2006年瓦斯鉴定结果，瓦斯及二氧化碳相对涌出量分别为1.7737立方米/吨和2.3649立方米/吨。回采工作面治理瓦斯措施主要有加大风量、导风帘、加强有害气体检查、均压等。矿井预防瓦斯事故除上述措施外还有杜绝无计划停电停风、所有局部通风机皆按“三专”要求配置、安设风电闭锁、瓦斯电闭锁等。矿井强化了瓦斯重点管理区的装备和管理，完善安全监测监控手段。每月由矿总工程师组织一次排查，将近距离煤层采煤面、机械化放顶煤工作面、厚煤层综掘巷道等列入瓦斯治理和防尘治理及自燃发火重点管理区进行管理。矿井装备了KJ-80型安全监控系统，采掘工作面等地点按规定设置了瓦斯传感器、一氧化碳传感器，瓦斯传感器实现了超限自动断电。

（三）煤尘防治

东荣二矿属于有煤尘爆炸危险的矿井，根据煤科总院抚顺分院的鉴定结果，煤尘爆炸指数14层为46.63%，16层为44.18%，17层为48.16%，18层为40.41%，并且综采、综掘工作面煤尘浓度时常超限，所以通风区要做好井下所有产生煤尘地点的检查、测定和消尘工作，对采掘工作面加大综合防尘措施的监督管理力度，防止煤尘事故的发生。

（1）井下所有采掘工作面及积尘点必须采取综合防尘设施并建立完善的防尘洒水管路系统，有防尘洒水管路系统的采掘工作面方可生产。

（2）井下所有煤仓和溜煤眼都应保持一定的存煤，不得放空。有涌水的煤仓和溜煤眼，可以放空，但放空后放煤口闸板必须关闭并必须设置引水管，溜煤眼不得兼做风眼使用。

（3）加强对矿井自动防尘设施的维修使用，中一上、南二上运输大巷的声控入风净化水幕，三吨底卸自动洒水装置，各炮掘工作面的放炮自动喷雾，转载点自动洒水装置都必须保证完好，并正常使用。

（4）综合机械化掘进面必须严格按措施进行粉尘的综合防治，各采煤工作面溜煤眼的上方必须安设与皮带运行同步的洒水装置，并定期冲洗两帮，消灭积尘死角。

对于产生煤尘的地点，必须采取以下防尘设施：

（1）掘进工作面掘进岩巷、半煤岩巷和煤巷时，都必须采用湿式钻眼，冲刷井壁巷帮，使用水炮泥，放炮喷雾，装岩（煤）洒水和净化风流等综合防尘措施。

（2）采煤工作面逢采必注、使用水炮泥、喷雾洒水或其他防尘措施。

（3）采煤机、掘进机都必须安装有效的内、外喷雾装置，无喷雾装置的采煤机、掘进机不得生产。

（4）井下所有矿车都必须保持完好，防止漏煤。

（5）煤仓、溜煤眼、翻罐笼、输送机、装煤机和其他转载地点都必须经常进行喷雾洒水及冲洗巷道。

（6）防尘用的供水系统，必须有过滤和沉淀装置，保证水质清洁，喷雾、洒水、捕尘设备应指定专人管理和维护，不得任意拆除。

（7）井下装车站、车场、溜子搭接处等产生煤尘的地点，必须要安设喷雾洒水装置，并坚持使用。

（8）矿井必须建立定期清扫、冲洗煤尘和巷道刷白制度，消灭积尘地点，并建立煤尘旬测制度。

（9）机械化工作面必须进行喷雾洒水，严禁干割和干装，炮采、煤巷掘进和半煤岩掘进工作面，要使用水炮泥和煤电钻侧式供水。

（10）采区主要入、回风道要设置隔爆水棚。

（四）水灾防治

东荣二矿矿井涌水量为230立方米/小时，排水系统为二级排水。为了做到环境的本质安全必须做好探放水工作：

(1) 在采掘工作面遇到可疑的水源和接近积水区时必须执行先探后掘，有疑必探的原则。采取探放水措施，将威胁矿井生产的积水有计划地放出，如果积水量小，水的压力小则直接打眼放水，对积水量大，水的压力大必须采取安全措施后再打钻孔放水。

(2) 探放水之前必须按《煤矿安全规程》的规定编制探放水设计和安全措施，施工单位必须按设计要求和安全措施，按操作规程施工作业。

(3) 如果井下发生透水事故，现场工作人员应马上向矿调度汇报现场情况，矿调度应及时向矿领导汇报，并且通知上级有关领导和救护队，矿领导根据事故发生的地点和可能涉及的其他区域，及时通知有关人员撤出危险区域，并且亲临现场组织人员按避灾路线撤出，转移到安全地点。

除此以外，为了保证环境的本质安全，东荣二矿还从以下方面入手加强环境本质安全管理：

(1) 应用人—机工程学原理，提高员工作业环境的安全可靠性。根据人—机工程学的原理，对井下作业环境的温度、照明、噪声、粉尘以及有害物浓度等加以控制，以保护员工的健康与安全；井下作业空间的设计、安全间隙、设备的布置等必须满足规程与人—机工程学原理的要求，以适应人的生理特点，减少不安全行为的发生。

(2) 在生产现场全面推行6S（整理、清洁、准时、规范、素养、安全）班组管理。这是现场管理工作的开始，是提高现场管理水平和保证安全的最基础的条件。通过6S管理标准的贯彻，使生产现场的物品得到分类清理，现场整齐协调，有效克服粉尘、噪声等有害因素，清除跑、冒、滴、漏。干净无杂物，作业场地空间变大，易于人员行动作业，员工自觉遵守制度和作业标准，养成良好的工作作风和习惯，这些可以为环境的本质安全提供基本保证。

第四节　制度的本质安全管理模式

只有健全和完善各项安全管理制度，才能规范职工的行为，为实现安全生产提供强有力的保障。因此，应该创新安全管理模式，并进一步抓好全员安全责任制、安全风险抵押、干部入井值班带班、安全事故责任追究等重点工作，不断推进矿井安全管理工作由强制型向自主型、由传统经验型向主动预防控制型转变。

一、按照职业安全健康管理体系，推行闭环安全管理

建立职业安全健康管理体系，各级、各部门、各工种必须依照体系的原理、方法和程序，规范自身的工作行为，形成持续改进的良性循环。要加强对重大危险源和重大隐患的辨别和评估，分析其产生的前因后果，对产生的重大隐患及重大危险源，逐级追究相关责任，并登记建档，定期监测，跟踪落实。

二、坚持巩固与创新结合，深化质量标准化建设

不断扩大质量标准化建设内涵，从设计、施工、安装、物资设备的采购供应、工伤抢救、后勤服务到生产现场管理等每个环节都要按照工作规则和标准化要求实施，每个岗位、每个工种推行零缺陷管理。围绕机制、体制、工艺、装备、管理等方面组织创新，提高质量标准化建设的科技含量。继续遵循全面规划、分类指导、典型引路、总体推进的思路，开展创样板专业、样板矿井的竞赛活动，争创全国样板矿区。

三、改进安全程度评估办法

根据国家煤矿安全监察局的要求，细化采、掘、机、运、通、防治水及管理制度本质安全程度评估标准，突出重点，分类指导，每半年评估一次，评估等级分 A、B、C、D 四类，对达到 A 类等级的给予奖励，对评定为 C 类、D 类

的给予处罚，并责令限期整改或停产整顿。

四、依法加大安全生产投入

按规定和实际需要提取安全技术措施工程费用，优先保证“一通三防”及主要生产系统的安全装备，保证安全生产系统、设施的完善可靠。按期完成本质安全装备计划，严格奖惩考核。对不能满足安全生产要求的系统进行改造，对安全可靠程度差、故障多发、长期带病运转的设备、仪器实施更新换代。推行“安技措”工程预算制和主要领导负责制，对于安全投入不足、因陋就简而导致的事故，由决策机构及主要负责人承担责任。

五、健全全员安全管理机制

要达到安全管理的全员参与，就必须运用好激励机制，实现管理对称、利益对称。应建立和完善安全工资、安全基金、安全风险抵押、安全担保等安全管理机制，加大安全工资在工资总额中的比例，并根据工种、岗位和危险程度，拉开安全工资的分配档次，同时将这一机制逐渐向在矿承包工程及项目的单位延伸，依照标准纳入日常考核，同步提高外委队伍的安全质量意识。特别是本着责、权、利相统一的原则，以培养员工安全信誉度为目的，实行全员安全担保。围绕保证被担保人工作期间以及上下班途中安全，组织全体在岗员工签订担保协议，通过安全责任链条将全体员工的安全责任和利益拴在一起，提高员工对安全生产的关切度和自觉性，调动员工参与安全管理的积极性。

六、健全全员安全生产责任制

进一步明确从决策层、管理层到操作层的安全生产职责和岗位标准，重申一班“汇报”、班长“四包”、五项重点治理等制度，落实重点区域、重点项目的包保治理，做到事事有人管、人人都管事。坚持试点先行、整体推进的原则，推行规范操作卡，突出安全质量内容，持卡上岗，按标操作，实现员工生产劳动行为的制度化、程序化和规范化。实施管技人员走动路线责任追究制。凡出现重大隐患依据管理层次、走动路线追究相关人员责任，重点强调无后果责任追究，即使未出现严重后果也要视事故隐患性质进行分析处理，实现事故隐患由事后处理向超前防范、过程控制的转变。

七、健全全员安全监督检查机制

一是专业检查。按照采、掘、开、机、运、通、地面、教育培训八个专业，分管领导组织全面检查。二是督导检查。由各副总带队组成督导组，对规程措施和隐患问题进行督导检查。三是单位组织自查。四是安全检查员、群监员（煤矿安全群众监督员）和青监岗（青年安全监督岗）检查。在这四种检查中做到有活动制度、有检查内容、有检查标准、有考核、有奖惩。完善五级隐患排查体系，建立隐患排查预警和跟踪管理档案，加强重点部位的调度监察和重大隐患的追踪整改。要开发设计安全监督检查信息管理系统，提高安全监督检查的管理水平和层次。

八、规范地面安全管理

建立各级、各工种、各岗位的安全生产责任制，不留空当和死角。突出安全供电、防火、防爆炸和铁路运输、厂内交通等重点，完善安全保护设施，对易燃易爆场所实施安全监控。租赁承包给外单位或个人的厂、店，既要对承包方进行安全资质审查，又要加强对承包方的安全管理。

九、细化安全运行许可证制度

基层各单位井上下的各生产场所、车间、固定机房硐室全部推行安全运行许可证制度，由各单位安全生产管理或监察部门制定具体的检查验收办法组织验收，凡未取得安全运行许可证的一律不得进入生产程序，谁验收谁签字，谁签字谁负责。

十、改革安全质量奖惩办法

推行本质安全程度评估和质量标准化建设优胜奖，并向安全周期长、安全装备精良、管理水平一流、受自然灾害威胁严重的矿井倾斜。加大对各类事故、严重“三违”和重大事故隐患的处罚力度，对安全生产的直接监管人员推行安全风险抵押，把各专业的安全状况与分管人员的收入直接挂钩，实行重奖重罚。

第五节　安全文化建设

一、安全文化的内涵及特性

（一）安全文化的内涵

安全文化是指安全价值观和安全行为准则的总和，体现为每一个人、每一个单位、每一个群体对安全的态度、认识程度及所采取的行动方式。安全文化是一个大的概念，它包含的对象、领域、范围是广泛的。安全文化的建设是全社会的，具有“大安全”的意思。安全文化的概念也有广义和狭义之分。从广义来说，安全文化是指人类安全活动创造的安全生产和安全生活的观念、环境和条件等成果之总和。从狭义来说，安全文化专指围绕安全生产中人这个主体所产生的人文因素和人文环境的研究、控制成果。企业安全文化是安全文化最为重要的组成部分。企业安全文化与社会的公共安全文化既有相互联系，更有相互作用，因此，我们要从更大范畴、用系统论的观点来认识安全文化。

（二）安全文化的特性

安全文化是人类文化的重要组成部分。文化关系到民族的性格、精神、意识、思想、语言和气质。安全文化关系到民族的繁荣、社会的进步和国家的兴盛，关系到实现生产安全、生活安康、社会安定。

安全文化贴近生产、贴近生活，容易被人民群众理解和接受。安全文化是直接为生产安全服务的文化，是直接保护劳动生产者生命安全和身体健康的文化。用群众喜闻乐见、形式多样、内容丰富的安全文化，宣传安全生产的法律法规、方针政策，传播安全知识，提高民众的安全意识和安全技能，改善人民工作、生产的环境和质量，是安全文化的优势和重任。

安全文化由硬件元素和软件元素两部分组成。安全文化建设是一个现代科学系统工程，实现安全生产，预防安全事故，不仅要依靠安全技术、安全工程设施等先进科技的硬件，更需要安全管理、安全法制、安全教育等人文科学的软件。在安全文化被提出之前，人们在对防范事故的发生和对事故原因的分析中，对于引起事故的人的因素的认识存在欠缺，甚至忽视。在经历了各种各样的事故痛苦和深刻反省、科学分析后，人们发现，除了考虑安全技术、安全设施以外，还应考虑人的安全知识、安全技能，更应考虑人的观念、态度、品行、道德、伦理、修养等基本的人文因素，因为这些更为深层的人文背景直接影响和决定着人的安全意识、安全素质和安全行为。这些因素的全面归纳，就是人类的安全文化。要保证人的行为、生产设施和工程设计等物态和生产环境的安全性，需要从人的基本素质出发，进行系统的安全文化建设。

从文化的形态来说，安全文化的范畴包含安全观念文化、安全行为文化、安全管理文化和安全物态文化。安全观念文化是安全文化的精神层，安全行为文化和安全管理文化是安全文化的制度层，安全物态文化是安全文化的物质层。

（1）安全观念文化主要是指决策者和大众共同接受的安全意识、安全理念、安全价值标准。安全观念文化是安全文化的核心和灵魂，是形成和提高安全行为文化、制度文化和物态文化的基础和原因。目前我们在煤矿生产过程中需要建立的安全观念文化是以预防为主的观念；安全第一的观念；安全就是效益的观念；安全性是生活质量的观念；风险最小化的观念；安全超前的观念；安全管理科学化的观念等；同时还要有自我保护的意识；保险防范的意识；防患于未然的意识等。

（2）安全行为文化指在安全观念文化指导下，人们在生活和生产过程中的安全行为准则、思维方式、行为模式的表现。行为文化既是观念文化的反映，同时又作用于和改变观念文化。

（3）安全管理文化是企业行为文化中的重要部分。管理文化指对社会组织（或企业）和组织人员的行为产生规范性、约束性影响和作用，它集中体现观念文化和物质文化对领导和员工的要求。

（4）安全物态文化是安全文化的表层部分，它是形成观念文化和行为文化的条件。从安全物态文化中往往能体现出组织或企业领导的安全认识和态度，反映出企业安全管理的理念和哲学，折射出安全行为文化的成效。

二、安全文化的功能及作用

在我们生活和生产过程中，安全文化的建设主要表现为四种功能。我们常说文化是一种力，第一是影响力，第二是激励力，第三是约束力，第四是导向力。这四种力影响决策者、管理者和员工对安全的正确态度和意识，强化社会每一个人的安全意识。

激励力是通过观念文化和行为文化的建设，激励每一个人安全行为的自觉性，具体对于企业决策者就是要对安全生产投入足够的重视和积极的管理态度；对员工则是安全生产操作、自觉遵章守纪。约束力是通过强化政府行政的安全责任意识，约束其审批权；通过管理文化的建设，提高企业决策者的安全管理能力和水平，规范其管理行为；通过制度文化的建设，约束员工的安全生产施工行为，消除违章现象。导向力是对全社会每一个人的安全意识、观念、态度、行为的引导。对于不同层次、不同生产或生活领域、不同社会角色和责任的人，安全文化的导向作用既有相同之处，也有不同之处。

三、煤矿安全文化建立的层次

煤矿安全文化一般分为三个层次：

(1) 表层企业安全文化，是指可见之于形、闻之于声的文化现象。如煤矿企业的厂容厂貌、安全文明生产环境与秩序等。

(2) 中层企业安全文化，是指煤矿企业的安全管理体制。它包括煤矿企业内部的组织机构、管理网络、部门分工及安全生产法规与制度建设。

(3) 深层企业安全文化，是指沉淀于企业及其职工心灵中的安全意识形态。如安全思维方式、安全行为准则、安全道德观、安全美学观、安全价值观。它是煤矿企业员工对安全问题的个人反应与情感认同。

这三个层次中最重要的是深层企业安全文化，它支配着企业职工的行为趋向，而表层、中层企业安全文化的状况也会反作用于煤矿企业的深层安全文化。

四、东荣二矿安全文化建设

(一) 凝练具有东荣二矿特色的安全文化

不同的地域、人群，不同的决策层，有着不同的文化认知和内涵。东荣二矿特色安全文化建设的主要内容有以下几方面：一是搞好文化积淀的挖掘和调研。通过调研总结，可以反映出东荣二矿历史上的安全文化积淀，探求安全文化的特色。二是对近几年工作进行总结。从安全管理的思路、安全工作环境的打造、安全责任的追究、安全监督和管理等方面，以文化角度去审视、总结、提炼。三是对安全事故进行分析。对每起事故都要从文化素养、行为规范、安全意识几个方面分析，总结出安全文化的核心内容。四是组织起草、凝练安全理念。做到语言精辟、富有哲理、易记易背，接受效果明显。五是安全文化体系的建立。安全文化体系从核心价值观的提出，到安全技能、安全责任、安全环境、安全管理等系统的形成，都要有制度对接。

（二）加大对安全文化的宣传力度

一是强行灌输法。要发挥安全文化的支撑作用，建设本质安全型区队和本质安全员工，必须全员性地接受企业安全文化培训。二是誓词提醒法。将安全文化理念、井下行为规范和各岗位操作要领，根据各区队地区和作业性质的差异，编写不同的宣誓词，起到提醒教育的作用。三是环境熏陶法。利用视觉和听觉识别系统，大力营造安全文化的宣传气氛，让员工时时处处接受安全文化的熏陶。在工业广场、矿区主要街道场所、繁华闹市区等处设置安全理念灯箱、匾牌，大力营造安全文化氛围。四是面对面谈心教育法。每月都要进行思想隐患排查，对于安全意识不强、文化程度不高、思想稳定性较差的重点员工，指定党员干部进行面对面谈心，阐明利害关系，让其用心学习安全文化，促其养成安全行为。同时，矿领导和有关部门定期到区队、一线，进行安全文化面对面集体谈心，领导干部声情并茂的演讲和语重心长的话语深深打动每一位职工。五是激励灌输法。对安全文化宣传和实施做得较好的单位进行表扬和奖励，选树企业文化示范标兵单位，表彰践行安全文化先进人物和为本单位安全工作做出贡献的典型人物。六是亲情帮教法。开展亲情文化理念征集、表彰关注安全的好矿嫂等活动，让更多的职工家属参与到安全文化活动中来。七是责任连带法。理念不会背，安全行为不规范，不仅处罚本人，其单位领导、师傅都要负连带责任。八是文艺教化法。借助文艺形式的平台，进一步增强企业安全文化的感染力和渗透力，举办安全文化小故事征集、诗朗诵、书法大赛、小戏剧等。九是充分发挥东荣二矿安全信息管理系统的作用，组织职工经常登录矿区局域网学习东荣二矿各类安全制度和安全文化。

（三）以考核体系确保安全文化落实到位

要保证安全文化落实到位，还得有相应的机制来制约。一是文化的考核体系。将安全文化作为党组织和部门的工作重点，在考核当中占有一定的分数比例，与月度工资奖金挂钩，有效调动各级群团组织和各部门抓安全文化的积极性。二是建立安全行为跟踪考察体系。抓好安全文化的重要标志是各层次员工安全行为的养成。三是现场工程质量考核体系。注重井下安全工作环境的打造制定并严格执行岗位标准，实行动静结合的检查评比。倡导现场作业人员上标准岗、干标准活，工程质量达到一级品。四是安全责任追究的考核体系。在安全文化建设当中，既要强调安全文化对矿井安全的主动作用，同时还要强调预防功能和责任的细化分解、责任的追究。为加大责任追究力度，采取职工“三违”积分办法，对“三违”人员教育补课、罚款直至辞退、除名；在实行走动式管理中，由于责任心不强，该发现而未发现安全隐患导致安全事故的，也要追究巡查人员的责任。五是建立精细化管理模式。安全文化的核心就是使员工养成有利于矿井安全的良好行为和习惯，但其落脚点在于精细管理。整体工作和部门工作人人讲原则、讲规章，只认制度不认人，才能为生产现场精细管理打下基础。六是建立危险预知、安全确认和隐患排查机制。安全确认与隐患排查同时进行，工作现场交接班前后对主要危险处提前告知，并将当班安全和隐患排查情况向下一班交代，向调度室汇报。

（四）突出重点，整体推进

要充分认识安全文化建设的重要性、艰巨性和长期性，安全文化是实实在在的工作，既有领导层抓安全文化的基本功，也有个体员工安全文化底蕴的基本功。要树立长期“作战”的思想，明确相应的组织体系。建立以党委领导为主体，群团组织为依托，安监、技术与政工部门主管的安全文化领导体系，制定年度工作目标和工作规划，月有重点，季有调度，时时有人检查、监督、考核的长效机制，并将此项工作与区队领导奖金挂钩，脚踏实地、坚持不懈地抓下去。建立视觉系统是安全文化建设的重要手段，要让安全文化牌板随处可见，在井上井下成为一道亮丽的风景线。同时，广播、电视、网络等媒体也要大力宣传，形成浓厚的安全文化气氛。让安全文化入社区，到基层，进班组，营造浓厚的安全文化氛围，创建本质安全型矿井，发挥安全文化对矿井的支持和保障力，努力建设和谐小康矿区。

第六节　安全信息管理系统建设

煤矿安全信息管理系统就是应用计算机技术对安全信息进行现代化生产管理的一种辅助手段。随着网络技术的不断发展，B/S（浏览器/服务器）模式对于充分利用煤矿企业内部网络资源以及将网络扩展到国际互联网上具有无法比拟的优越性。特别是对中小型煤矿而言，采用该模式可以随着企业自身的发展将其功能不断扩充以至最终形成类似门户网站的具有综合功能的安全信息管理系统。采用 B/S 模式开发，只需将原始信息数据由客户浏览器端录入，便可自动上传至服务器，完成对信息的加工和处理，并能通过局域网络互联达到信息资源及时有效地传递，在任何浏览器客户端都能查询、修改、添加、删除（需要相应权限）多种信息及打印各种报表，可以大幅度提高煤矿的现代化生产管理水平，并能为煤矿的安全管理提供一定的决策依据。煤矿安全信息管理系统的功能与结构如表 7–1 所示。

表 7–1　煤矿安全信息管理系统的功能与结构

一级功能	二级功能	说明
1. 参数维护	系统公告信息发布	
	基础参数维护	
2. 人员安全管理	工种类别维护	
	部门信息维护	
	人员档案注册	
	人员档案维护	
	人员档案查询	
3. “三违”及事故管理	“三违”记录登记	
	“三违”记录维护	
	“三违”记录查询	
	事故记录登记	
	事故记录维护	
	事故记录查询	

续表

一级功能	二级功能	说明
4. 安全培训管理	到期应培训人员名单	
	培训班创建	
	培训考核	
	培训信息维护	
	员工培训证书维护	
	培训信息查询	
5. 运行设备管理	设备类别维护	
	设备台账管理	
	设备维修（护）管理	
	到期应维修（护）提醒	
	设备查询	
	设备报废管理	
	设备报废维护	
	设备报废查询	
6. 安全管理制度与文化	安全规章制度管理	
	安全培训中心管理制度	
	安全规章制度分类查询和学习	
	安全规章制度学习记录和统计	
	安全文化管理	
7. 权限管理及系统维护	系统登录日志	
	关键数据修改日志	
	权限管理	

一、参数维护

参数维护包括系统公告信息发布、基础参数维护。

（一）系统公告信息发布

系统功能如下：

（1）可以发布一些系统公告，供使用本系统的人员进行查看。

（2）可以对系统公告进行添加、修改、删除。

（3）在操作时，单击左边系统公告信息发布节点，展开如图 7-1 所示的界面，可以对其进行添加、删除、保存等操作。

（4）在查看系统公告时，可以点击主页中系统公告，查看系统公告内容。

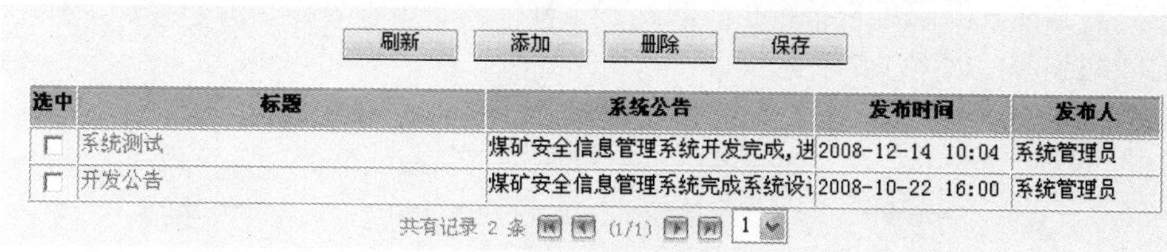

图 7–1　系统公告信息发布

（二）基础参数维护

对公用、人员、“三违”及事故、培训、设备五类系统用到基础参数维护，系统功能如下：

（1）可以对基础数据进行相应修改。

（2）在操作时，单击左边基础参数维护节点，展开如图 7–2 的界面，每个小节点对应的内容可以结合本业务需要进行相应修改，如添加、删除等。

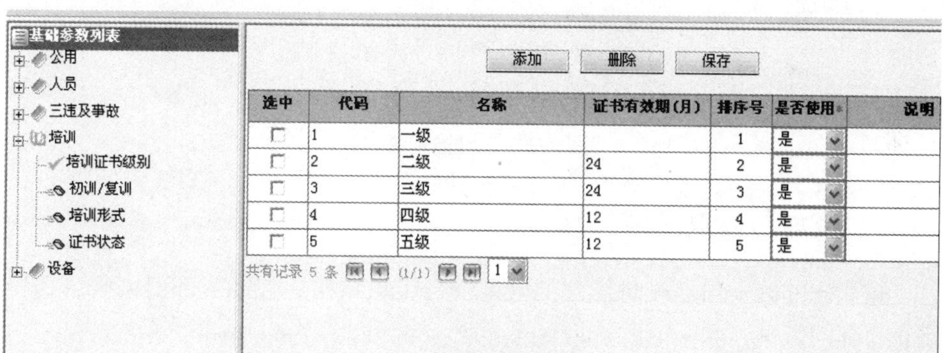

图 7–2　基础参数维护

二、人员安全管理

将“三违”记录、事故记录、安全培训等信息纳入安全管理的范畴，及时掌握人员工作情况和违章记录。包括：工种类别维护、部门信息维护、人员档案注册、人员档案维护、人员档案查询。

（一）工种类别维护

对本矿涉及工种进行维护，包括：工种代码、工种名称、工种类别、所需证书级别等。如图 7–3 所示。

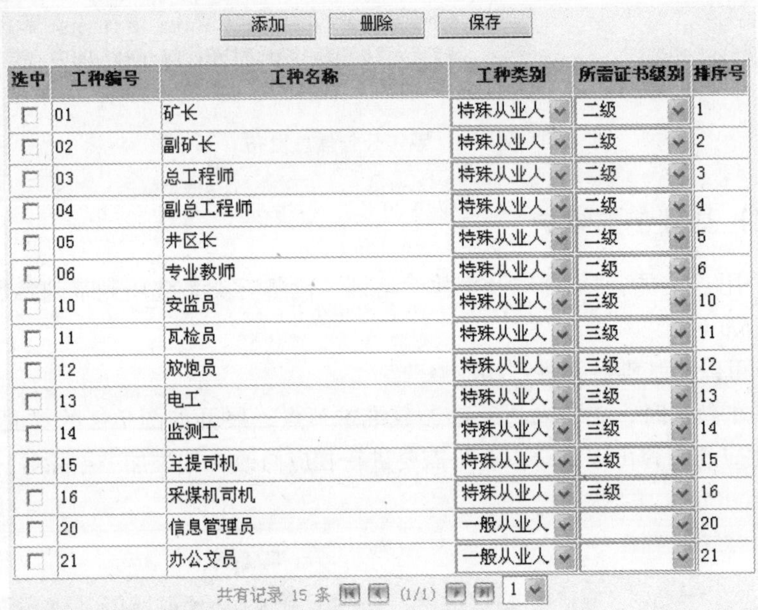

选中	工种编号	工种名称	工种类别	所需证书级别	排序号
□	01	矿长	特殊从业人	二级	1
□	02	副矿长	特殊从业人	二级	2
□	03	总工程师	特殊从业人	二级	3
□	04	副总工程师	特殊从业人	二级	4
□	05	井区长	特殊从业人	二级	5
□	06	专业教师	特殊从业人	二级	6
□	10	安监员	特殊从业人	三级	10
□	11	瓦检员	特殊从业人	三级	11
□	12	放炮员	特殊从业人	三级	12
□	13	电工	特殊从业人	三级	13
□	14	监测工	特殊从业人	三级	14
□	15	主提司机	特殊从业人	三级	15
□	16	采煤机司机	特殊从业人	三级	16
□	20	信息管理员	一般从业人		20
□	21	办公文员	一般从业人		21

图 7–3　工种类别维护

（二）部门信息维护

按矿—井区—段队—班组建立全矿部门组织结构，包括：部门编码、部门名称、部门级别、联系电话、负责人、地址等。如图 7–4 所示。

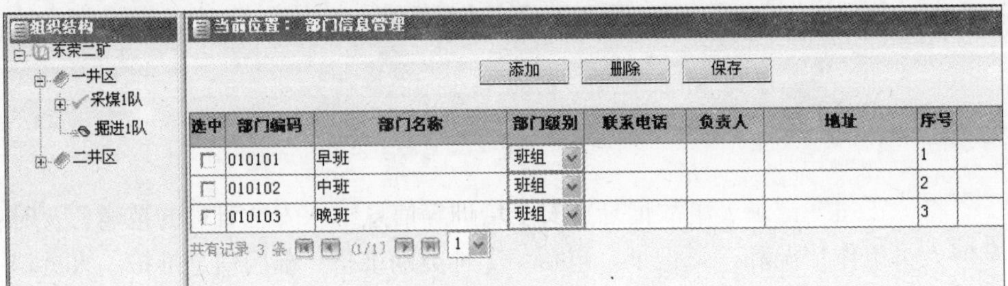

选中	部门编码	部门名称	部门级别	联系电话	负责人	地址	序号
□	010101	早班	班组				1
□	010102	中班	班组				2
□	010103	晚班	班组				3

图 7–4　部门信息维护

（三）人员档案注册

对人员档案的输入，包括：工种、岗位、部门等信息。如图 7–5 所示。

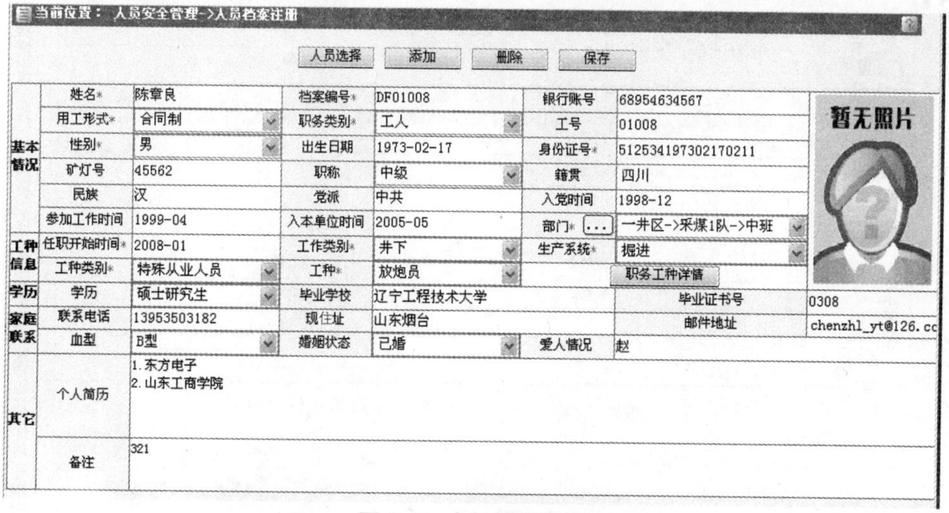

图 7–5　人员档案注册

（四）人员档案维护

人员档案维护，除员工档案信息外，还包括“三违”记录、事故记录、安全培训信息的维护。如图 7–6、图 7–7、图 7–8 和图 7–9 所示。

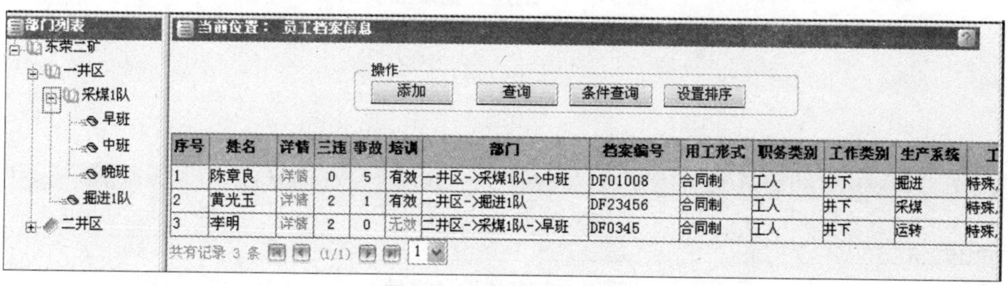

图 7–6　员工档案信息

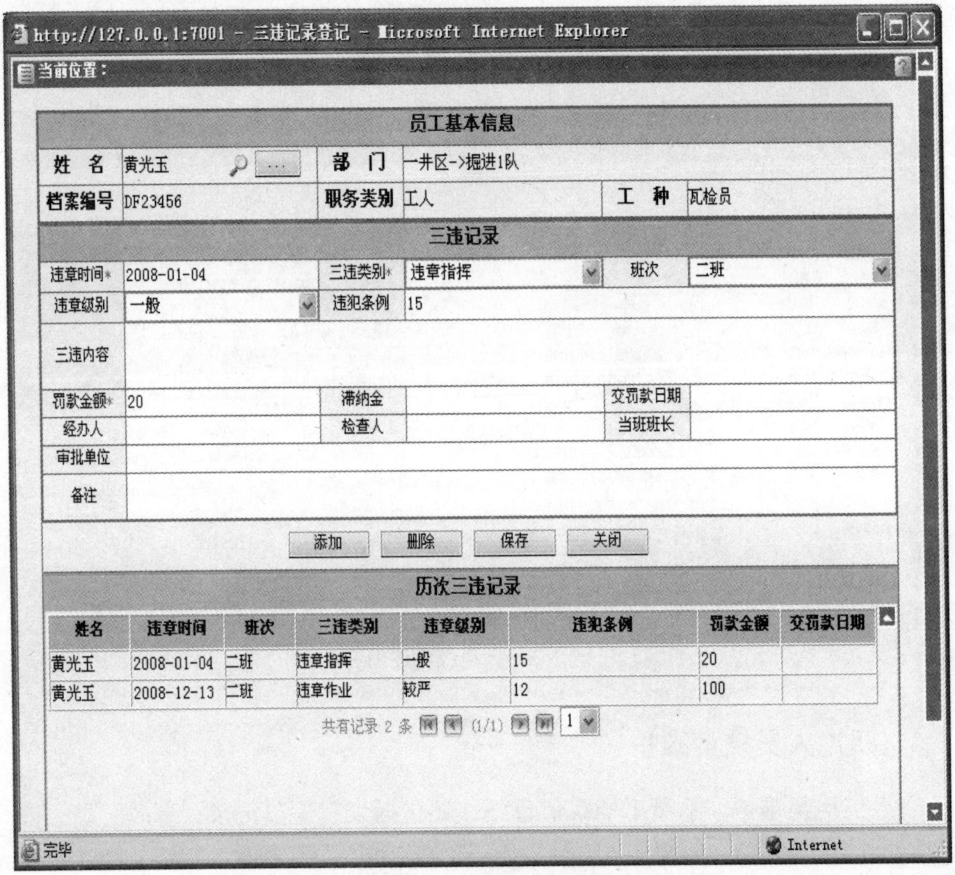

图 7-7 “三违”记录维护

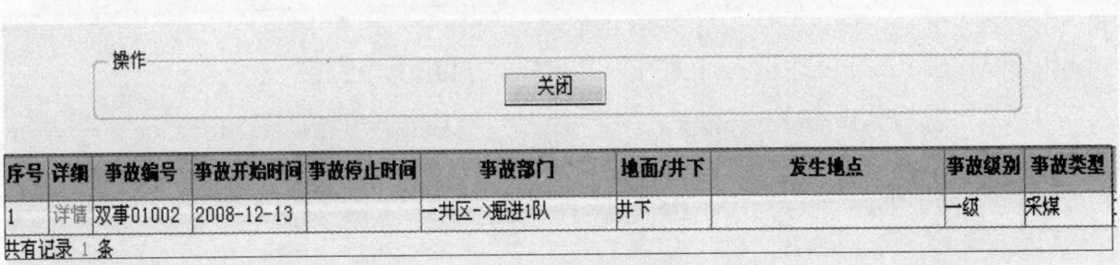

图 7-8 事故记录维护

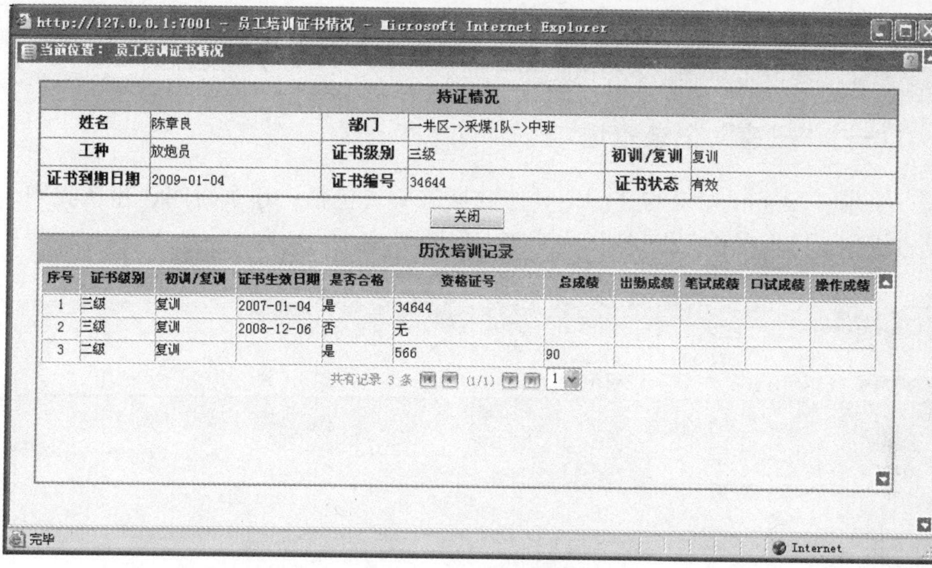

图 7–9 培训记录维护

（五）人员档案查询

人员档案查询包括：员工档案信息、“三违”记录、事故记录、安全培训的查询。如图 7–10 所示。

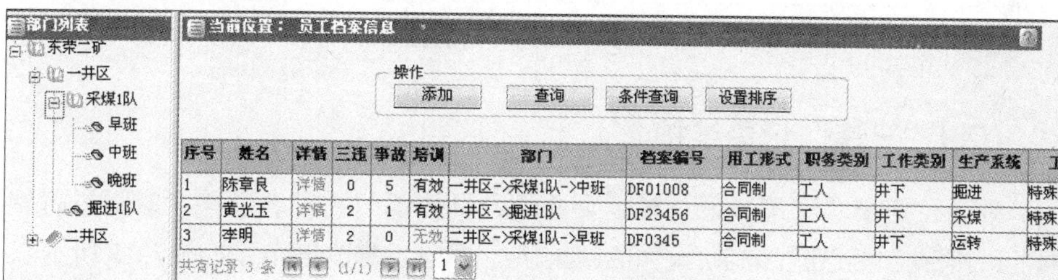

图 7–10 人员档案查询

三、“三违”及事故管理

存储历年以来发生的“三违”及事故资料，实现对历次事故的录入、查询、统计、输出档案管理工作，提供各种事故发生原因的调查分析资料、事故处理情况资料。包括："三违"记录登记、"三违"记录维护、"三违"记录查询、事故记录登记、事故记录维护、事故记录查询。

(一)"三违"记录登记

实现"三违"记录的登记，具体数据项主要包括：违章时间、违章类别、违章级别、违反条例、"三违"内容等。如图 7-11 所示。

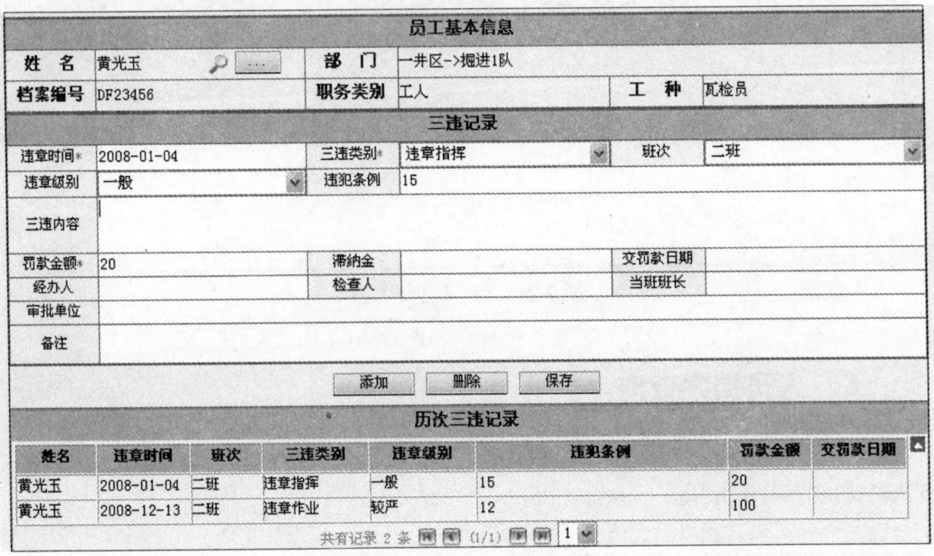

图 7-11 "三违"记录登记

(二)"三违"记录维护

对已经登录"三违"记录维护页面的，可按部门、姓名、违章时间进行查询，找到相应"三违"记录后，可实现添加、删除、修改操作。如图 7-12 所示。

(三)"三违"记录查询

对已经登录"三违"记录查询页面的，可按部门、姓名、违章时间进行查询，找到相应"三违"记录后，可查看详细信息。如图 7-13 所示。

(四)事故记录登记

实现事故记录登记，具体数据项主要包括：事故编号、事故发生日期、地

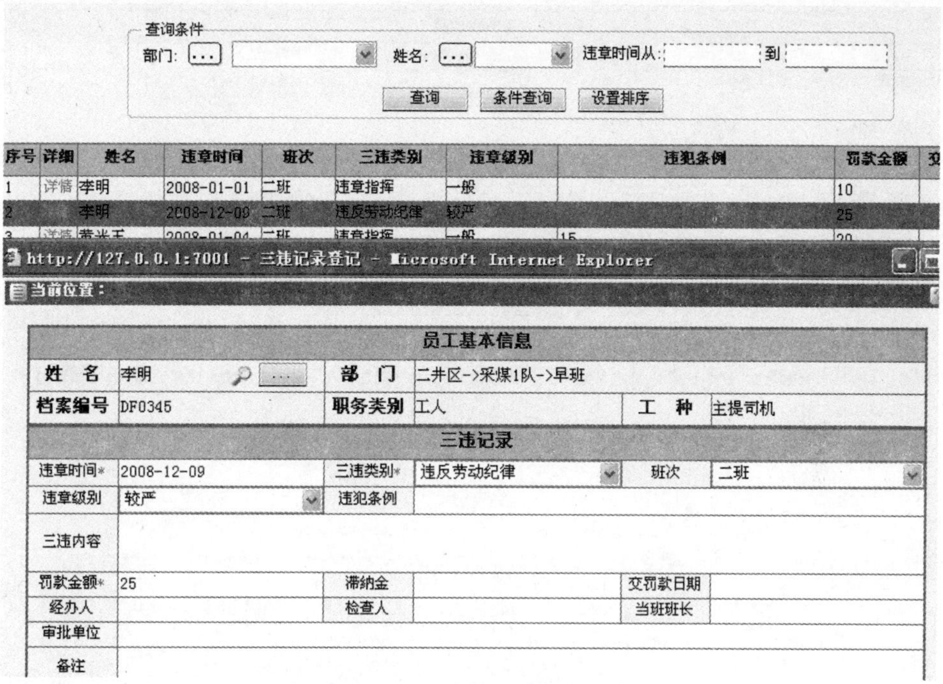

图 7-12　“三违”记录维护

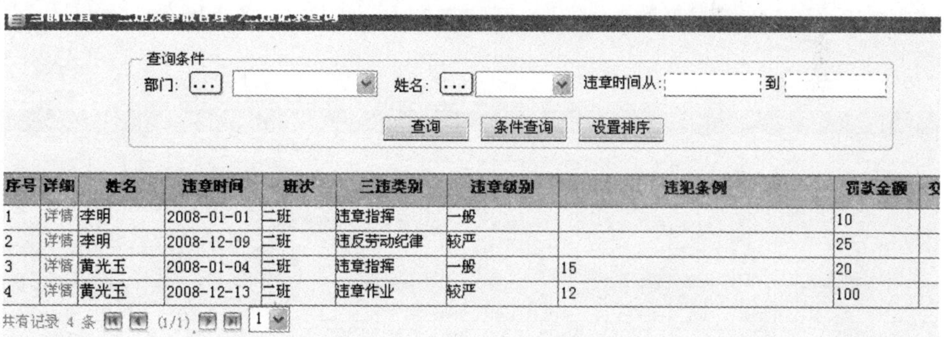

图 7-13　“三违”记录查询

点、事故简况（事故发生情况、事故经过、预防措施等）、事故类型、死亡、重伤人数、事故受害人、事故责任主体等。如图 7-14 所示。

（五）事故记录维护

对已经登录事故记录维护页面的，可按事故编号、事故部门、事故时间

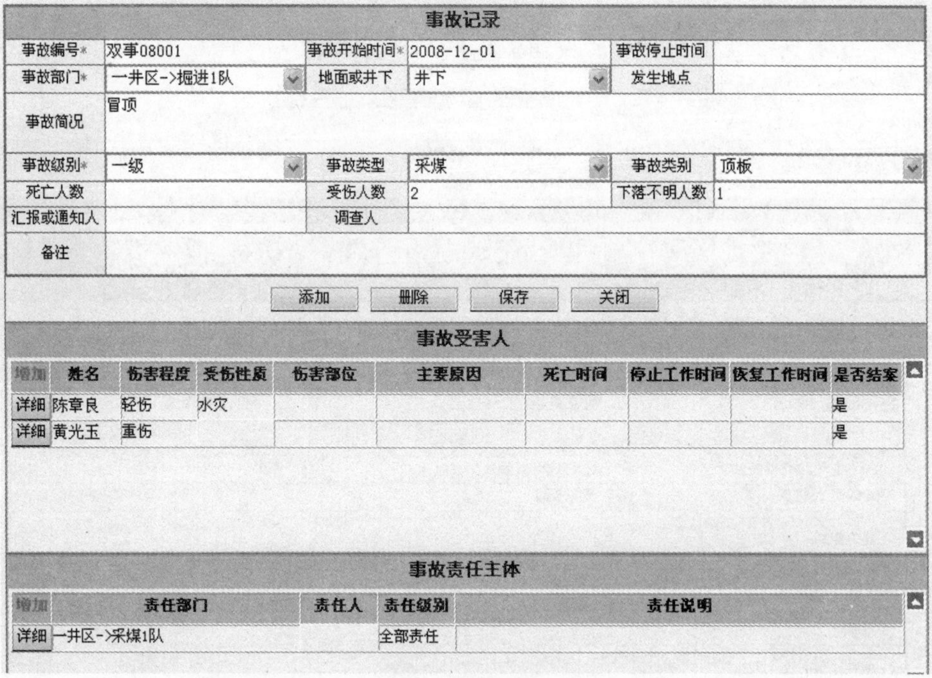

事故记录

事故编号*	双事08001	事故开始时间*	2008-12-01	事故停止时间	
事故部门*	一井区->掘进1队	地面或井下	井下	发生地点	
事故简况	冒顶				
事故级别*	一级	事故类型	采煤	事故类别	顶板
死亡人数		受伤人数	2	下落不明人数	1
汇报或通知人		调查人			
备注					

添加　删除　保存　关闭

事故受害人

增加	姓名	伤害程度	受伤性质	伤害部位	主要原因	死亡时间	停止工作时间	恢复工作时间	是否结案
详细	陈章良	轻伤	水灾						是
详细	黄光玉	重伤							是

事故责任主体

增加	责任部门	责任人	责任级别	责任说明
详细	一井区->采煤1队		全部责任	

图 7-14　事故记录登记

进行查询，找到相应事故记录后，可实现添加、删除、修改操作。如图 7-15 所示。

当前位置：三违及事故管理->事故记录维护

操作

事故编号：　事故部门：　事故时间从：　到

查询　条件查询　设置排序

序号	详细	事故编号	事故开始时间	事故停止时间	事故部门	地面/井下	发生地点	事故级别	事故类型
1	详情	67890	2008-11-25	2008-12-01	一井区->采煤1队->早班	井下	2	一级	掘进
2	详情	123	2008-11-25		一井区->采煤1队->晚班	井下		二级	采煤
3	详情	234	2008-11-26		一井区->采煤1队->中班	地面		二级	采煤
4	详情	a231	2008-11-26		一井区->采煤1队->晚班	井下		二级	掘进
5	详情	234	2008-11-27		一井区->采煤1队->晚班	井下		二级	采煤
6	详情	234	2008-11-27		二井区->采煤1队->早班	井下		三级	采煤
7	详情	789	2008-11-27		一井区->采煤1队->中班	地面		二级	
8	详情	双事08001	2008-12-01		一井区->掘进1队	井下		一级	采煤
9	详情	df123	2008-12-09		一井区->采煤1队	地面		二级	采煤
10	详情	双事01002	2008-12-13		一井区->掘进1队	井下		一级	采煤

共有记录 10 条 (1/1) 1

图 7-15　事故记录维护

（六）事故记录查询

对已经登录事故记录查询页面的，可按事故编号、事故部门、事故时间进行查询，找到相应事故记录后，可查看详细信息。如图 7–16 所示。

序号	详细	事故编号	事故开始时间	事故停止时间	事故部门	地面/井下	发生地点	事故级别	事故类型
1	详情	67890	2008-11-25	2008-12-01	一井区->采煤1队->早班	井下	2	一级	掘进
2	详情	123	2008-11-25		一井区->采煤1队->晚班	井下		二级	采煤
3	详情	234	2008-11-26		一井区->采煤1队->中班	地面		二级	采煤
4	详情	a231	2008-11-26		一井区->采煤1队->晚班	井下		二级	掘进
5	详情	234	2008-11-27		一井区->采煤1队->晚班	井下		二级	采煤
6	详情	234	2008-11-27		二井区->采煤1队->早班	井下		三级	采煤
7	详情	789	2008-11-27		一井区->采煤1队->中班	地面		二级	
8	详情	双事08001	2008-12-01		一井区->掘进1队	井下		一级	采煤
9	详情	df123	2008-12-09		一井区->采煤1队	地面		二级	采煤
10	详情	双事01002	2008-12-13		一井区->掘进1队	井下		一级	采煤

图 7–16 事故记录查询

四、安全培训管理

安全培训计划的建立、培训、考核的全过程。安全培训管理包括：到期应培训人员名单、培训班创建、培训考核、培训信息维护、员工培训证书维护、培训信息查询等。

（一）到期应培训人员名单

根据职工工种、所在工种要求证书级别、证书有效期，系统将自动计算出证书到期日期，并提前作出提醒。根据部门、工种、证书级别、证书到期时间等条件可自动查询出满足条件人员，并自动创建培训班。如图 7–17 所示。

（二）培训班创建

培训班创建包括：培训班名称、培训级别、培训工种、开始时间等，并可对本班学员信息进行维护。如图 7–18 所示。

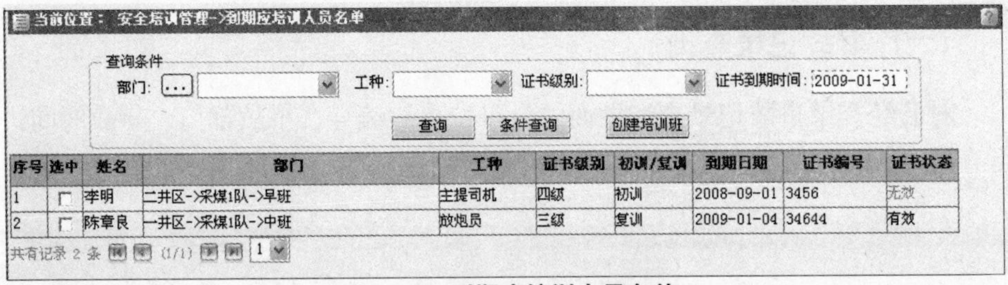

图 7–17　到期应培训人员名单

图 7–18　培训班创建

（三）培训考核

对培训完成结果进行考核，包括：是否合格、培训证号、成绩等。如图 7–19 所示。

（四）培训信息维护

对已经登录培训信息维护页面的，可按时间进行查询，找到相应培训信息后，可实现添加、删除、修改操作，并可对培训班信息和学员信息进行维护。如图 7–20 所示。

（五）员工培训证书维护

对员工已有培训证书进行维护，包括添加、删除、修改信息等。如图 7–21 所示。

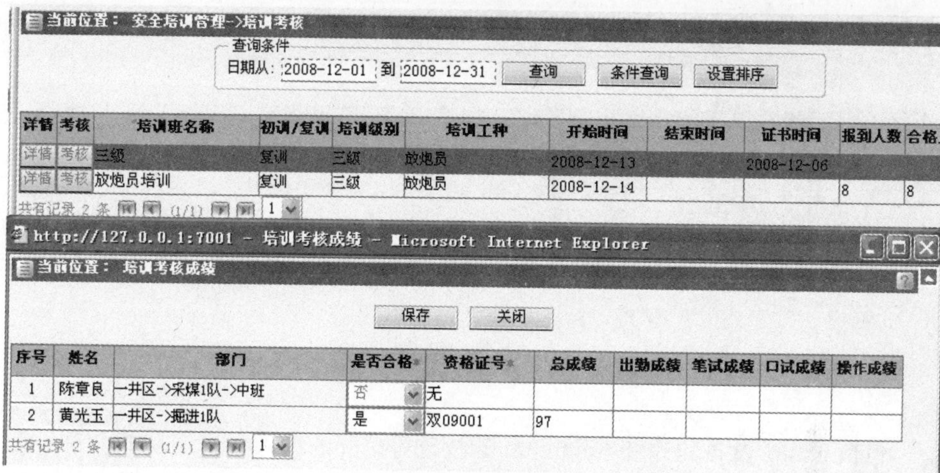

图 7–19　培训考核

图 7–20　培训信息维护

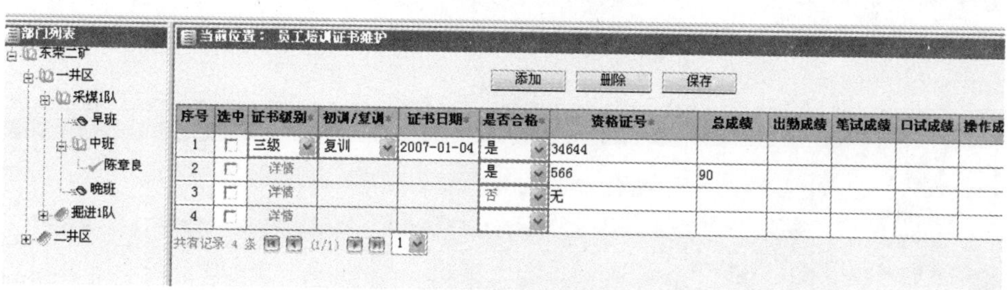

图 7–21　员工培训证书维护

（六）培训信息查询

对已经登录培训信息维护页面的，可按时间进行查询，找到相应培训信息后，可查看详细信息。如图 7–22 所示。

图 7-22　培训信息查询

五、运行设备管理

包括对煤矿设备的检查/检修、大修/技改等情况的输入和查询功能。对于设备的运行记录进行跟踪和控制，保证设备正常运行，消除由于设备因素造成的安全隐患。具体包括：设备类别维护、设备台账管理、设备维修（护）管理、到期应维修（护）提醒、设备查询、设备报废管理、设备报废维护、设备报废查询。

（一）设备类别维护

设备分类按一级、二级、三级等进行分类，具体数据项包括：设备名称、分类级别、叶节点、大修/技改周期（月）、报废年限（年）等。如图 7-23 所示。

图 7-23　设备类别维护

（二）设备台账管理

记录在用设备资产铭牌和运行信息，包括：设备名称、资产号、规格型号、配置电机号、容量、使用部门、安装日期、安装地点等。如图 7–24 所示。

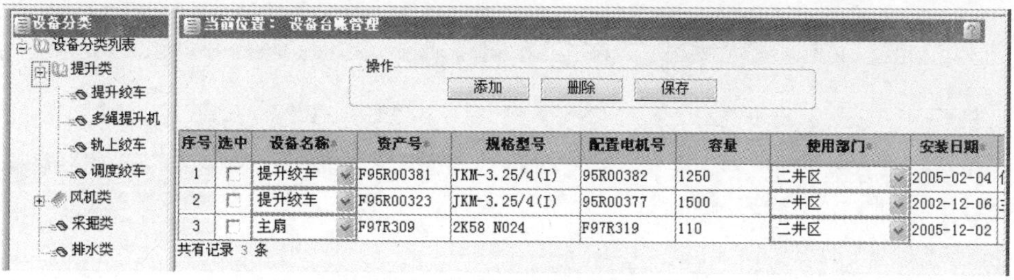

图 7–24　设备台账管理

（三）设备维修（护）管理

记录设备检查/检修、大修/技改等运行记录，包括检修日期、检修类型、维修情况、更换部件、试运行情况、维修负责人。如图 7–25 所示。

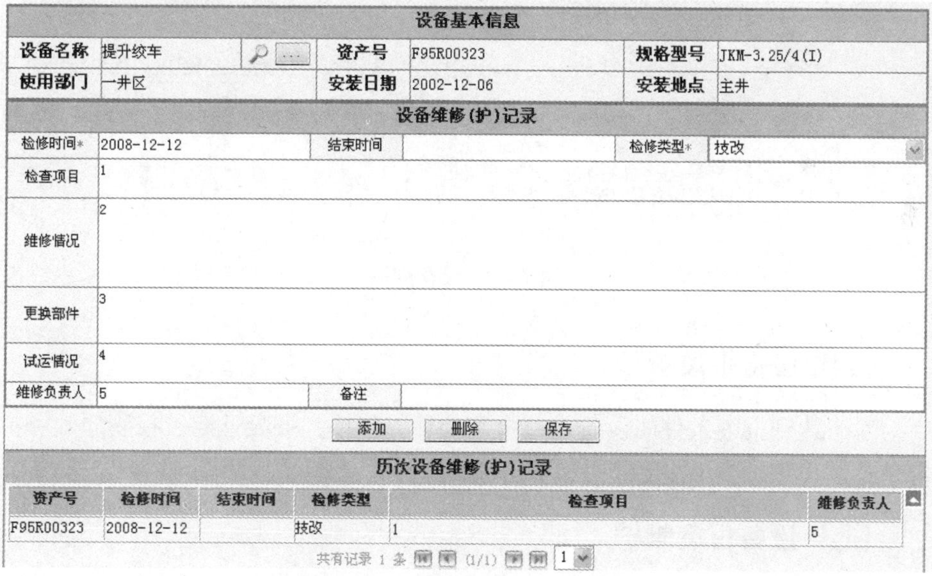

图 7–25　设备维修（护）管理

（四）到期应维修（护）提醒

根据设备大修/技改周期以及设备上次检修日期，自动计算出设备下次应检修日期，并提前对需要进行检修的设备进行到期提醒。如图 7–26 所示。

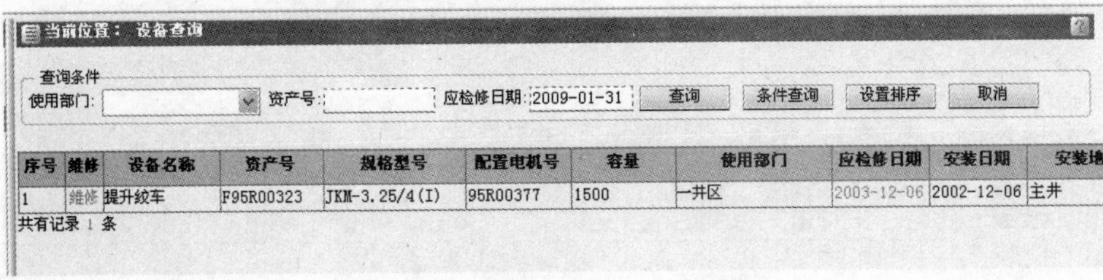

序号	维修	设备名称	资产号	规格型号	配置电机号	容量	使用部门	应检修日期	安装日期	安装地点
1	维修	提升絞车	F95R00323	JKM-3.25/4(I)	95R00377	1500	一井区	2003-12-06	2002-12-06	主井

图 7–26　到期应维修（护）提醒

（五）设备查询

按使用部门、资产号等对设备进行查询，查询到相应设备后可查看其历次维修记录。如图 7–27 所示。

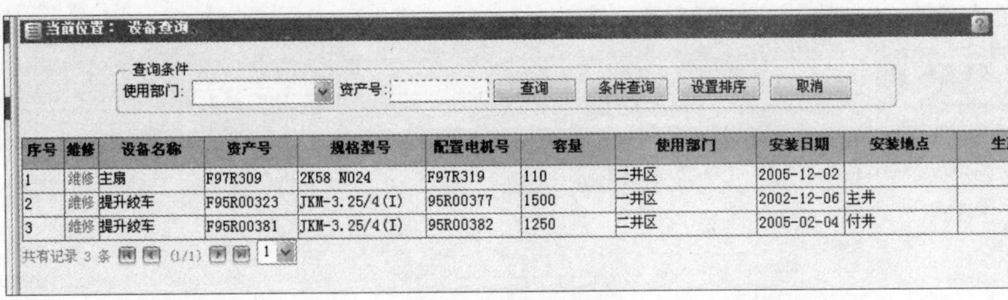

序号	维修	设备名称	资产号	规格型号	配置电机号	容量	使用部门	安装日期	安装地点	生产
1	维修	主扇	F97R309	2K58 N024	F97R319	110	二井区	2005-12-02		
2	维修	提升絞车	F95R00323	JKM-3.25/4(I)	95R00377	1500	一井区	2002-12-06	主井	
3	维修	提升絞车	F95R00381	JKM-3.25/4(I)	95R00382	1250	二井区	2005-02-04	付井	

图 7–27　设备查询

（六）设备报废管理

对于达到报废条件的设备进行报废处理，包括：报废日期、报废原因、批准单位及文号、参与鉴定部门、参与鉴定人员等。如图 7–28 所示。

（七）设备报废维护

登录设备报废维护页面，可按资产号、时间进行查询，找到相应报废设备后，可实现添加、删除、修改操作。如图 7–29 所示。

（八）设备报废查询

登录设备报废维护页面，可按资产号、时间进行查询，找到相应报废设备

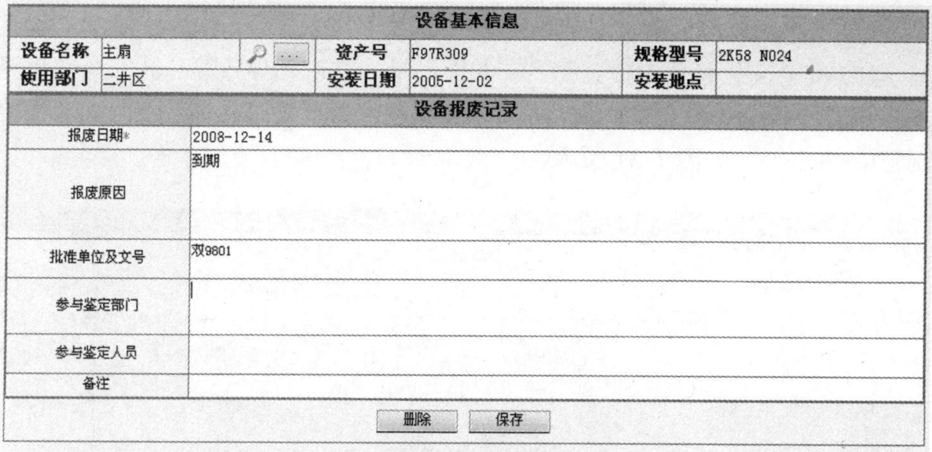

图 7–28　设备报废管理

图 7–29　设备报废维护

后，可查看详细信息。如图 7–30 所示。

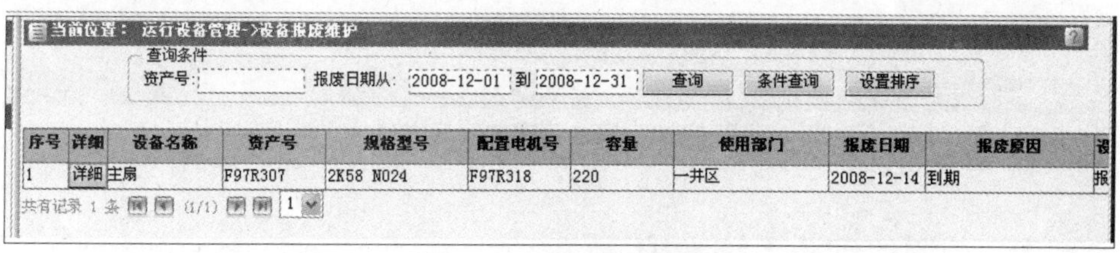

图 7–30　设备报废查询

六、安全管理制度与文化

（1）安全规章制度管理包括：制度篇、管理篇、考核篇。

（2）安全培训中心管理制度。

（3）安全规章制度分类查询和学习。

(4) 安全规章制度学习记录和统计。

(5) 安全文化管理包括：①二矿共同远景。②矿领导致辞。③安全文化释义。④二矿标识。⑤二矿矿歌。⑥安全文化学习情况记录和统计（个人学习情况记录和统计）。如图 7-31 所示。

图 7-31　安全管理制度与文化

七、权限管理及系统维护

（一）系统登录日志

该部分主要是记录系统登录的日志，可对系统登录日志的所有信息进行检索；也可按条件查询出某个系统登录日志的相关信息；对检索的登录日志进行人为的排序。如图 7-32 所示。

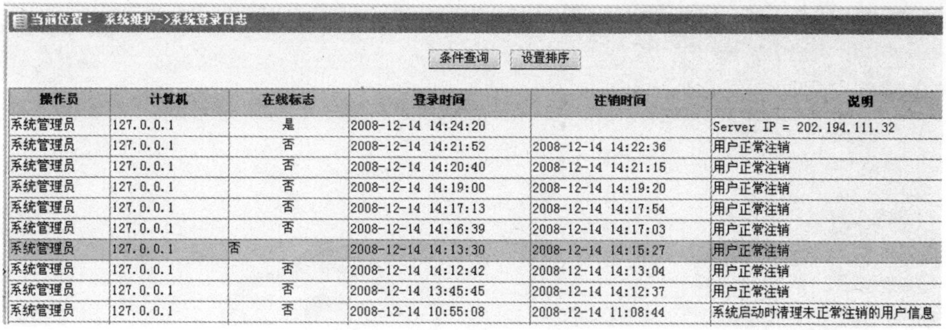

当前位置：　系统维护->系统登录日志

条件查询　设置排序

操作员	计算机	在线标志	登录时间	注销时间	说明
系统管理员	127.0.0.1	是	2008-12-14 14:24:20		Server IP = 202.194.111.32
系统管理员	127.0.0.1	否	2008-12-14 14:21:52	2008-12-14 14:22:36	用户正常注销
系统管理员	127.0.0.1	否	2008-12-14 14:20:40	2008-12-14 14:21:15	用户正常注销
系统管理员	127.0.0.1	否	2008-12-14 14:19:00	2008-12-14 14:19:20	用户正常注销
系统管理员	127.0.0.1	否	2008-12-14 14:17:13	2008-12-14 14:17:54	用户正常注销
系统管理员	127.0.0.1	否	2008-12-14 14:16:39	2008-12-14 14:17:03	用户正常注销
系统管理员	127.0.0.1	否	2008-12-14 14:13:30	2008-12-14 14:15:27	用户正常注销
系统管理员	127.0.0.1	否	2008-12-14 14:12:42	2008-12-14 14:13:04	用户正常注销
系统管理员	127.0.0.1	否	2008-12-14 13:45:45	2008-12-14 14:12:37	用户正常注销
系统管理员	127.0.0.1	否	2008-12-14 10:55:08	2008-12-14 11:08:44	系统启动时清理未正常注销的用户信息

图 7-32　系统登录日志

（二）关键数据修改日志

该部分主要是对关键数据修改日志的记录的相关操作，包括：对关键数据修改日志相关信息进行查询；也可按条件查询出某个关键数据修改日志的相关信息。如图 7-33 所示。

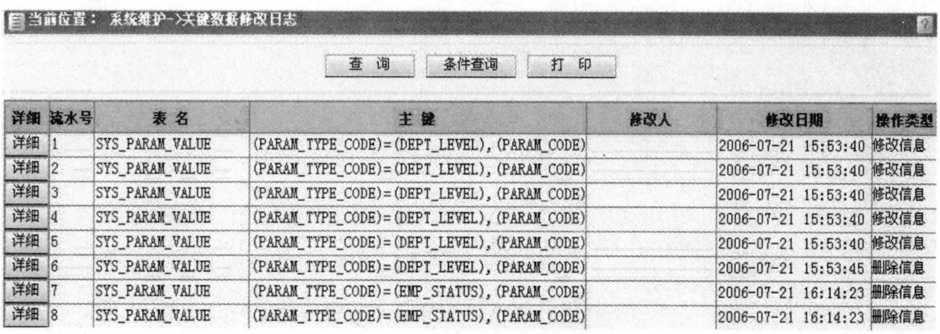

当前位置：　系统维护->关键数据修改日志

查 询　条件查询　打 印

详细	流水号	表 名	主 键	修改人	修改日期	操作类型
详细	1	SYS_PARAM_VALUE	(PARAM_TYPE_CODE)=(DEPT_LEVEL),(PARAM_CODE)		2006-07-21 15:53:40	修改信息
详细	2	SYS_PARAM_VALUE	(PARAM_TYPE_CODE)=(DEPT_LEVEL),(PARAM_CODE)		2006-07-21 15:53:40	修改信息
详细	3	SYS_PARAM_VALUE	(PARAM_TYPE_CODE)=(DEPT_LEVEL),(PARAM_CODE)		2006-07-21 15:53:40	修改信息
详细	4	SYS_PARAM_VALUE	(PARAM_TYPE_CODE)=(DEPT_LEVEL),(PARAM_CODE)		2006-07-21 15:53:40	修改信息
详细	5	SYS_PARAM_VALUE	(PARAM_TYPE_CODE)=(DEPT_LEVEL),(PARAM_CODE)		2006-07-21 15:53:40	修改信息
详细	6	SYS_PARAM_VALUE	(PARAM_TYPE_CODE)=(DEPT_LEVEL),(PARAM_CODE)		2006-07-21 15:53:45	删除信息
详细	7	SYS_PARAM_VALUE	(PARAM_TYPE_CODE)=(EMP_STATUS),(PARAM_CODE)		2006-07-21 16:14:23	删除信息
详细	8	SYS_PARAM_VALUE	(PARAM_TYPE_CODE)=(EMP_STATUS),(PARAM_CODE)		2006-07-21 16:14:23	删除信息

图 7-33　关键数据修改日志

（三）权限管理

该部分包括用户信息管理、控制对象管理、角色分类管理、角色权限管理、用户授权管理等。如图 7-34 所示。

权限管理系统
Privilege Management System
权限管理
用户信息管理
控制对象管理
角色分类管理
角色权限管理
用户授权管理
重新登录
Privilege
Management
System

图 7-34　权限管理

附录　东荣二矿安全管理规章制度汇编

安全会议制度

为进一步严肃会风，严明工作纪律，保质保量按时开好安全办公会，经矿研究决定，特对安全办公会议有关要求做如下规定：

一、时间及地点

每周三下午 3 时 30 分准时召开，地点在小会议室，如有特殊情况需变更，安全监察处另行通知。

二、参加人员

1. 各单位党政一把手是安全生产第一责任人，必须按时参加安全办公会议，如有特殊情况必须提前向矿长、党委书记请假，其他人不得替代。

2. 主管生产的各线矿领导和党群部室主管矿领导没有特殊原因，必须按时参加安全办公会议。

三、具体要求

1. 参加会议人员必须提前五分钟到达会场并签到，迟到一次罚款 10 元，超过 10 分钟罚款 20 元。

2. 对无故不参加会议的基层单位领导，一次罚款 50 元，当月两次无故不参加会的基层单位领导，将对其罚款 200 元，并在全矿给予通报批评。

3. 对迟到、早退和未参加会议的人员，会后安监处立即开罚款单送交财务部门，任何单位和个人无权抽取罚款票据，并扣月份考核分 2 分。

4. 各单位参加会议人员，要提前把本单位的安全工作安排好。如对各线分管领导和部门存在建议和想法，会上可以提出问题，以便各部门进行工作协调。

5. 参加会议人员要遵守会议纪律，会中不得接打手机，手机需关机或者调到振动状态，如在会中发现接打手机或手机发出响声，对其罚款 10 元。

安全目标管理制度

为了深入贯彻落实党的十七大精神，努力营造平安、和谐的发展环境，全面实现我矿 2008 年安全生产工作目标，特制定本制度：

一、指导思想

以党的十七大精神为指导，以科学发展观、安全发展观为统领，以实现安全生产最佳年为目标，全面贯彻落实“安全第一、预防为主、综合治理”的安全生产方针，坚持以人为本，创新安全管理，优化安全管理要素，推进质量达标，着力打造具有现代品质的安全文化，努力建设本质安全型矿井，为企业实现又好又快发展提供安全保障。

二、工作目标

1. 坚决实现“24501111”奋斗目标。

2. 消灭死亡事故，重伤事故不超公司指标，轻伤千人负伤率控制在 3‰以下。

3. 高度防范重、特大事故，有效遏制一般事故，消灭一级非伤亡事故。

4. 保持集团公司质量标准化站排头，达到国家一级矿井，进入龙煤安全质量标准化明星矿行列。

5. 地面单位杜绝重伤以上事故。

三、主要措施

（一）坚持以安全发展观为统领，走本质安全型矿井建设之路，逐步实现安全状况质的突破

2008年是全面贯彻党的十七大作出战略部署的第一年，是我矿安全发展的攻坚年和煤炭生产的战略调整年，也是强制安全管理逐步向自主安全管理转型的一年。新的一年，全矿上下要围绕“24501111”这一奋斗目标，唱响和落实安全发展，自觉坚持安全发展指导原则，坚持稳中求进，创新安全发展理念，转变安全管理模式，破解安全管理难题，提高安全发展质量，大力开展安全生产长周期竞赛活动，上下一心，集中精力，用百倍的努力和强有力的措施，全力以赴控制重大事故，减少一般事故，坚定不移地实现安全生产。

（二）突出重大事故和灾害防控，提高安全防护技术水平，推进系统和装备本质安全化

1. 加强系统技改，提高重大事故超前防控能力。认真管好用好安全专项资金，确保用在关键部位和重大安全领域。实施瓦斯监测监控系统的升级改造，抓好瓦斯监测监控；优化、提高我矿通风能力；完善防灭火注浆、煤层注水、综合防尘系统，保证使用效果；超前制定和落实水患治理预防措施；加强主提升、机电等设备管理，确保各种安全保护装置齐全、先进、灵敏、可靠。

2. 加强业务保安，进一步完善安全生产预警预报机制。超前制定有针对性的防范措施；完善处置突发事故灾害的应急预案，强化救灾抢险演练，提高员工应急反应能力和互保自救能力。认真落实安全责任制，严把规程措施的编制、审批、贯彻、执行、复审环节，增强技术管理的针对性，保障安全技术措施在现场的全面落实。

3. 大力推广应用安全防护技术和高可靠性的装备。要围绕矿井重点系统的薄弱环节组织技术攻关。鼓励工程技术人员进行防护技术革新。要向开采方法、支护改革、瓦斯煤尘治理、提升运输、防治水火等领域，推广应用新技术、新设备和先进适用工艺，淘汰落后的装备和工艺，提高我矿安全科技含量和科技管理水平。

（三）加强安全基础管理，构建“三全”工作体系，推进机制和工作流程本质安全化

根据省七部门《关于加强国有重点煤矿安全基础管理的指导意见》及集团公司有关规定，抓好安全生产指标控制、安全制度落实、分层管理、监督检查、考核评比和责任落实，切实提高安全基础管理水平。

1. 健全安全管理机制。强化“全员安全责任传递机制”，建立全员、全过程、全方位的安全工作体系。完善安全奖罚机制，严格执行干部安全风险抵押金、员工安全基金、安全质量结构工资制，强化全员风险责任意识，健全完善安全责任量化考核机制、安全经济调控机制和安全监督检查机制，实行安全监察区域、专业承包，工资收入与安全效果挂钩，推行质量达标、隐患检查整改、安全教育培训责任追究制度。

2. 突出安全要素管理。突出领导分工、人员流动、安全信息、员工精神面貌等要素管理。重点加强劳动用工管理，安全培训部门参与人员调动认定；完善劳动用工准入、退出制度，提高准入和降低退出门槛。大力推行变招工为招生的用工机制。定期对井下职工队伍进行梳理，对不适合生产一线和关键岗位的工作人员，做到及时清理，尤其对习惯性“三违”人员，要依照安全法规严肃处理。加强职业健康管理，防范职业中毒事故。

3. 强化安全监督检查。严格执行安全系统审查和隐患排查、治理、报告、分级管理制度，及时发现、制止各种不安全行为，把事故隐患消灭在萌芽状态；强化配套治理措施，把预防事故变成预防隐患，把处理事故变成处理隐患。

4. 继续实施隐患闭合管理。真正做到工程质量承包到班组，隐患排查承包到个人，安全监察、事故防范承包到部门。管好、用好安全信息网络资源，保证安全信息及时录入和发布，把隐患信息作为安全监督检查效果和事故追究的主要依据，实现从被动整改事故隐患向主动抓管理、抓基础转变，夯实工作基础，消除不安全状态；实现从阶段性的安全专项整治及突击式、运动式的安全检查向经常性、长期性的规范化、制度化的安全监管转变；实现从事后查处向事前防范转变，从根本上保障安全生产。

5. 严肃事故责任追究。按照“四不放过”的原则，对事故责任人进行严肃的追究处理，杜绝事故追究不做处理等问题。认真分析事故原因，采取针对性措施，坚决杜绝同类事故重复发生。加大重大未遂事故的责任追究力度，情节严重的必须给予严肃处理。

（四）由强制安全管理向自主安全管理转型转变，深化“三基”建设，推进人的行为本质安全化

广泛开展“远学山东、近学新安”活动，创新安全管理体制和机制，推动强制安全管理向自主安全管理的转变。

1. 继续强化“三基”建设。切实加强基层安全建设，矿、井区、段要完善检查、考核、奖惩机制，实行严格、精细、科学的管理。抓好员工“必知必会”和遵章守纪教育，落实“反违章、查隐患、促整改”的各项要求；突出现场管理，严格执行干部入井带班、小班安全评估、值班段长抓安全制度，提高值班段长的政治荣誉和经济待遇；形成人人不“三违”、人人反“三违”的良好局面；实行安检人员轮流上岗制，提高采掘作业人员自主安全意识、自我保安能力，调动广大员工自主安全管理积极性。

2. 建设适用管用的安全文化理念。做好传统安全文化与现代安全理念的融合创新，引导员工树立事故可控的理念和安全光荣的荣辱观，增强安全文化渗透力，把安全文化建设与生产经营结合起来，变成广大干部职工的自觉行动。

3. 加强安全教育培训。进一步完善四级安全培训管理办法，努力抓好安全管理人员、特种作业人员、班组长、新上岗和转岗人员的安全培训，积极推行准军事化训练，确保从业人员具备相关的安全生产知识、技能以及事故预防和应急处理的能力。不断完善五级教育培训机制，进一步提升全员安全素质。

（五）加强质量标准化建设，推进作业环境本质安全化

以动态达标、时时达标为努力方向，推动质量标准化建设升级。

1. 实行动态达标管理。规范安全生产行为，提高各系统、各环节、各岗位的安全质量控制能力。强化过程控制，彻底解决质量标准化建设边缘死角问题，真正实现全方位、全过程的动态达标。

2. 加强精品工程建设。以创造一流质量标准化水平为目标，增强创精品意识。继续加大精品工程推进力度，拉动质量标准化整体水平提升。

3. 突出精细化管理。在作业现场实施精细化、流程化安全质量管理。抓好每个工作环节，管好每个流程细节，管理上精益求精。通过规范制度，严格标准，科学管理，实现人、机、环境的高度和谐统一，提高安全质量达标水平。

4. 完善质量标准化推进方式。进一步建立和完善验收标准，实行动态检查，严格监督验收。严格落实工作责任，调动各区队抓质量达标的积极性。

(六) 整合安全管理资源，形成齐抓共管的安全工作格局

抓好思想和组织建设，切实履行安全生产的监督保证作用，抓好安全教育、培训和员工训练。首先要保证优化安全生产的各项关键要素，抓好日常安全生产管理，加强监督检查和责任追究。开展好“安康杯”竞赛活动，组织好安全岗网哨上岗检查。通过党政工团齐抓共管，确保全年安全生产工作目标的实现，促进我矿安全生产工作持续稳定健康发展。

安全质量标准化管理制度

为平稳推进我矿质量标准化工作，进一步巩固提高质量标准化总体水平，实现各作业地点的动态达标，以确保质量标准化工作在双矿集团公司、龙煤集团站排头，特制定《质量标准化长效机制管理办法》。

一、组织领导

为确保矿井安全质量标准化工作开展的扎实有效，我矿成立安全质量管理领导小组：

组　长：孙久政　张首勋

副组长：于　超　张庆平　李　春　马广志

　　　　莫永杰　张志辉　孙　浩　李彦缙

组　员：矿其他班子成员　机关各生产科室科长

办公室：设在达标办

二、实行专线领导、机关科室、各基层单位包保责任制

1. 包保人员要及时向本组领导汇报质量达标工作进展情况，协调解决各项达标工作存在的疑难问题。包保人员每季度调整一次（见矿文件）。

2. 对上级部门检查中影响全矿成绩的单位，要追究该单位负责人及包保人的责任，并给予严肃处理。对矿内验收出现三级品的单位的包保人每人每月罚

款 300 元。

三、加强管理、保证动态达标

各单位要坚持高起点、高定位、高标准、高境界，抓好内涵质量建设，做到动态达标。

1. 实行质量标准化建设承诺制度。各单位要对安全质量标准化建设目标实行逐级包保，公开承诺，凡达不到承诺要求的给予降职或免职处分。

2. 建立达标问题分析制度。在集团公司检查验收中，以零隐患为基点，每查出一条隐患，按性质对单位责任人给予 10~100 元的罚款，对查出的隐患各单位要认真分析，明确责任，制定整改期限，在下次达标验收中重复出现的问题、条数有增无减的，对主要负责人加倍处罚，并取消该单位和主要负责人的年末评优资格。

3. 建立质量链式追究制。对因工程质量低劣影响安全生产的单位，不论间隔多长时间，不论当事人是否调出，对施工人员、验收人员、施工单位负责人、包保科室以及分管领导，由质量管理领导小组实行逐级追究并给予严肃处理。

4. 动态检查落实制。每月除了两次正常验收外，达标办及机关生产科室人员还要采取不定时间、不定地点、不打招呼的随机动态检查方式（检查人员必须三人以上）。对平时检查发现达标责任区不合格一次对责任者罚款 100 元（各单位要设专人负责达标责任区）。对检查出的重大安全隐患或工程质量问题，限期整改，下达隐患或质量整改通知单，并由单位和主管领导签字。发现一次，除了正常罚款外，月末取消评优资格。没有按期整改的月末定为三级品。

5. 为保证已施工工程质量标准不滑坡，采取当月工程与单位工程综合验收制。

四、严格验收管理

（一）验收范围

采掘段队、运输区、运转区、通风区、采安队、生产准备队、服务队、皮带队、安信中心。

（二）验收办法

采掘段队及辅助单位，每月验收两次。上半月 9~15 日，下半月 23~30 日，采掘一组统一验收。正常验收由矿长、总工程师、安监处长组织。质量标准化办公室具体安排时间、人员、验收项目、地点。无特殊情况，矿副总必须全部参加，机关科室必须有一名科长参加，被验收单位必须有一名区队长参加。

工程质量评定等级上半月占 40%，下半月占 60%。采煤系统由于否决项目出现的三级品总分扣掉 20 分，掘进系统出现的三级品工程质量按 30 分计算，两次换算的分数累加就是当月的工程质量分数。

（三）验收要求

1. 被验收单位的技术员必须把规程、措施带到现场，并提前挂好线绳，采煤拉线长度不小于 50 米，掘进拉好中腰线，本月施工巷道每 5~10 米均衡选点 5 个。

2. 运输区要准备好轨道尺、架线高度尺。

3. 通风区、运转区准备好验收所需的专业工具。

如以上准备条件做不好，不予验收，并按三级品处理。

（四）工程质量等级规定

1. 采煤段队 70 分以下为不合格品，70 分以上（含 70 分）为合格品，90 分以上（含 90 分）为优良品。

2. 掘进段队工程质量 60 分，文明生产 40 分，工程质量不合格定为三级品。工程质量合格，总分低于 80 分（不含 80 分）也定为三级品；工程质量优良，总分在 90 分以上（含 90 分）定为优良品；95 分以上定为精品示范面；工程质量合格，总分在 80 分以上定为合格品。

3. 运输区、运转区、通风科、采安队、皮带队、监测中心以 90 分为标准，90 分以上（含 90 分）定为合格，90 分以下定为不合格。

4. 采安队有安装、回撤面时，85 分以上（含 85 分）为优良品，75 分以上（含 75 分）为合格品，75 分以下为三级品，干零活以 90 分为准。

5. 服务队、生产准备队矿工程，按掘进标准验收，干零活时，以 90 分为准。

（五）验收规定

1. 验收实行重大隐患一票否决制，在验收中发现工作面电气设备严重失爆一处、一般机电设备完好率达不到85%、脱保运行；采煤工作面尾巷、端头、超前支护30%不按要求打设、安全出口不兑规、掘进不使用临时支护空顶作业、喷浆滞后、喷厚不够、扒斗机前货多超巷道1/3、扒斗机距工作面超距、锚杆、锚索间排距连续5套超规定、锚索滞后、过断层处支护不兑规等以上规定之一的一律定为三级品。

2. 如由于地质条件发生变化或系统影响，需要改变支护时，必须及时补报措施并由专业副总批示，否则按支护不兑规定为三级品。凡是当月发生三级及三级以上非伤亡事故工程质量当月定为三级品。

3. 验收时间由标准化办公室通知矿长、总工程师、安监处长、各副总、各科室验收人员，如无特殊情况不参加验收，一次罚款50元，由该科室科长落实责任者。

4. 每次验收必须现场打分、定级。对于新搬家的采煤工作面，交接后10天内文明生产以老面为准，质量以新、老面平均分为准，10天以外以新面验收为准；采安队工程质量得分以正在进行的安装回撤面分数和采面交接时的工程质量综合得分为准，其中交接面占40%，安装回撤面占60%；掘进工作面新拉门巷道，质量以老面为主验收时如老面没有完全成巷留有尾工，则按三级品定级，如老面已验收完，质量则以新面拉门口周围10米范围内的支护和耙前迎头支护为主（含喷浆，按规程要求），文明生产以责任区为主；月初验收的掘进工作面由于月初进尺少，工程质量以耙后20米及耙前支护质量为主，文明生产以责任区为主；对于恢复巷道的矿务工程按正规掘进工作面验收；对生产准备工程（如开帮、拉底、挑顶、施工各种硐室等）按照设计及措施分项验收，月末统一验收一次，对没有完成的项目当月不给计资，若完成的各项中有一项不合格，当月定为三级品。

5. 验收人员必须熟悉掌握新验收标准，现场打分定级。如出现三级品，限期整改后复验，如达到合格或优良，可下浮一级计算；经复验仍不合格，责令停产整顿，干部停发工资或报矿进行纪律处分。

6. 验收人员必须实事求是，不得弄虚作假，一经查实，将追究责任人并给予严肃处理。

（六）安全质量验收领导小组

组　长：孙久政

副组长：于　超　张庆平　苍宝纯

组　员：各专业副总　安监处副处长　达标办主任　生产科长　机电科长　通风科长　地测科长　计划科长　其他科室科员

安全教育与培训制度

安全是煤炭企业生存、发展、腾飞的翅膀，安全搞不好，煤矿的生产、效益都无从谈起。东荣二矿始终注重安全与生产的和谐统一。矿领导班子的安全意识是：安全是煤矿最大的政治，安全是煤矿职工最大的福利，安全是企业的第一形象，安全是企业的最大效益，安全是矿山的命脉，安全是改革发展的前提。为此，他们依托管理强安全，依靠科学兴安全，全员、全方位、全过程、全时段抓安全培训，全面建设安全和谐矿山，为创造文明煤矿提供了重要保证。为了规范矿安全教育与培训工作，完善矿安全教育与培训管理考核机制，使员工树立“安全第一”的思想，增强自我保安意识，从而认识和掌握安全生产的客观规律，杜绝各类事故的发生，为实现矿安全生产，特制定《东荣二矿安全培训管理办法》，如下：

一、培训领导机构与工作职责

东荣二矿职工教育培训委员会

主　任：张首勋　孙久政

副主任：李彦缗　张庆平

成　员：副总以上矿领导　范学良　邱月君　孙奇伟　窦少华　赵忠民

委员会下设办公室，办公室设在职工教育培训中心。

责任分工：

1. 张首勋、孙久政负责矿员工安全教育与培训工作。

2. 李彦缗负责日常培训工作：

(1) 负责员工技能培训及员工岗位练兵比武工作。

(2) 负责地面单位员工培训工作。

3. 张庆平负责安全培训工作和新员工上岗前培训。

二、安全教育与培训管理

1. 各基层单位建立全员培训档案（含二、三级培训），并纳入月份考核，设专人负责培训工作，各生产单位的持证岗位需求情况及人员复训情况，提前向培训中心呈报培训需求计划和临时增加的培训计划，对没建立培训档案的单位、无专人负责培训工作的单位给予考核与处罚。

2. 安全教育培训中心是矿员工提高素质，掌握和学习安全基本知识的基地；是五级员工安全教育监督、检查、考核的主要职能部门；是组织安全落实二、三、四级员工依法参加安全教育与培训实施责任的单位。

3. 安全教育培训中心以提高员工安全意识、自主保安为宗旨，开展安全培训工作。按照国家煤矿安全监察局制定的《煤矿安全培训教学大纲》和集团公司主管部门的要求，对参加三、四、五级培训的员工按计划进行培训。

4. 安全教育培训中心必须按集团公司主管部门要求标准，全力建设、巩固、提高、发展培训基地，为员工创造和谐、健康的学习环境。同时要求做到学员学习每人教室面积不少于 1.0 平方米；要保证授课教室不少于 6 个。多媒体、计算机数量和安全教育图书数量要达到集团公司主管部门要求。五级培训教室桌椅采掘一线的段队至少满足 1/2 员工同时学习，辅助段队教室满足全体员工同时学习。

5. 安全教育培训中心采掘实验室、通风实验室、机电实验室达到集团公司主管部门要求标准。并要有通风与安全演示装置，通风仪器、仪表，采掘部分设备配件、风电瓦斯闭锁设备、急救设备等。使学员在培训期间得以理论与实践相结合，尽快提高学员感性与理性的认识。

6. 安全教育培训中心的教师要专兼职结合，以专职为主，专职教师人数不低于在编员工的 35%，专兼职教师必须由具有 3 年以上现场经验的中级职称专业人员担任。

7. 安全教育培训中心要建立健全各级干部、专兼职教师、班主任、管理人员岗位责任制和考核办法；要建立档案管理制度，包括员工培训管理档案，学员个人培训教育档案，以班级为单位的工种培训档案，教师档案，设备设施管理档案。

8. 安全教育培训中心要按集团公司上级主管部门要求建立安全展室。安全展室要求具备5项内容：①矿安全生产目标；②矿安全生产状态；③矿井事故预防知识和避灾方案；④矿引进的新装备；⑤矿引进的新技术、新工艺。

9. 安全教育培训中心要经常组织教师、管理人员定期研究培训工作。至少每半个月组织召开一次安全教育与培训工作会议。

10. 各有关单位必须成立以党政一把手为组长，安全副区长为副组长，有关人员参加的员工安全培训领导小组。把员工安全教育与培训纳入月份重点管理工作中，做到月初有安排、月末有总结。

三、安全教育与培训计划编制与管理

1. 安全教育培训中心负责矿员工月份、年度安全教育与培训工作编制工作（含五级培训部分计划编制）。

2. 安全教育培训中心编制矿员工安全教育与培训计划，要摸清矿应培训人员的数量、专业、工种、年龄、文化程度等情况。根据集团公司主管部门下达的月份、年度计划，考虑员工工种交叉培训和生产因素。同时要坚持安全教育与培训计划不可或缺的原则。

3. 五级培训课时安排：政治理论、思想道德、企业文化占20%；法律法规、安全质量、生产技术、操作技能占80%。

4. 各有关单位员工安全培训小组要抓好矿下达的学员三级培训、四级培训（复训）及五级培训工作。

四、安全教育与培训内容、形式

安全教育与培训内容，依据国家煤矿安全监察局制定的《煤矿安全培训教学大纲》和集团公司主管部门的要求，对生产管理人员开展安全教育与培训。安全教育与培训内容：①国家安全生产方针、政策和有关安全生产的法律、法规、行业的规章制度及安全要求标准；②安全生产管理、安全生产技术、职业卫生等知识；③伤亡事故统计及职业危害的调查处理方法；④应急管理、应急预案编制及应急处置；⑤国内外先进的安全生产管理经验；⑥典型事故案例和应急救援案例分析；⑦自救器使用方法等。

安全教育与培训形式为脱产、半脱产和业余三种形式。二级、外部学员按集团公司主管部门要求实行脱产学习形式；四级培训（复训）实行脱产学习形式；五级培训实行业余学习形式；新上岗的从业人员培训实行脱产学习形式。

五、安全教育与培训有关规定

1. 安全教育与培训时间。二级、三级培训时间执行集团公司主管部门要求；四级培训（复训）培训时间为 40 学时；五级培训时间为小班班前 15 分钟；新上岗的从业人员培训时间不得少于 72 学时；考试合格后，在有安全工作经验的员工带领下工作 6 个月。

2. 安全教育与培训学员、专兼职教师的待遇。脱产培训的员工在培训期间享受本单位的福利待遇，不影响评先进和工资晋级。其工资待遇：井下区队长、班组长、特殊工种和井下一般工种，不论实行计时加奖励工资或计件工资均按本段队月份平均工资发给（不含井下津贴）。资金按学习成绩优秀、良好、及格三种即 100%、80%、50%发给，不及格者按学员管理制度给予处罚。

六、安全资格证书制度

1. 矿干部和工人必须携带《安全资格证书》上岗工作。否则，干部不能担任领导职务，工人不准上岗作业。职务、工种变更时必须重新培训，考试取得新职务、新工种的《安全资格证书》方可上岗作业。

2.《安全资格证书》有效期按集团公司主管部门规定执行。

3. 各有关单位安全培训与教育领导小组，每月至少两次对本单位员工上岗持证情况进行现场检查。要求不持证上岗人员停止井下作业。员工证件损坏或丢失，按矿有关规定及时到安全教育培训中心备案补证。

4. 各有关单位员工井下作业，出现使用超期《安全培训岗位证书》或没有经过培训（复训）人员在井下作业的，要追究本人和有关单位员工安全教育与培训领导小组的责任。

5. 安全教育培训中心负责二、三、四级参加安全培训学员的学习、出勤情况考核；宣传部负责牵头组织有关部门对五级培训学员的学习、出勤情况的月份考核。

6. 有下列情况之一者，吊销《安全资格证书》。

（1）重伤以上（包括重伤）事故的直接责任者；

（2）实践证明其安全知识和安全技术水平不能胜任工作者；

（3）违章指挥者、造成事故者。

被吊销《安全资格证书》的员工，要停止工作，到安全教育培训中心进行补学、补考。补学期间只发给基本生活费。考试合格者返还《安全资格证书》。本人拒绝接受培训时，应按国务院颁发的《国营企业职工奖惩条例》有关规定处理。

七、安全教育与培训工作考评

1. 实行员工安全培训与教育结构工资考核制。培训考核结果与本人和所在单位月份工资收入挂钩。

2. 员工未经过培训而分配工作的，以违章论处。未经过培训的员工被分配上岗工作，要追究分配工作部门责任人的责任。

3. 各有关单位不按安全教育培训中心下达的月份、年度培训计划选派学员，要追究考核各有关单位安全教育与培训领导小组的责任。

4. 集团公司每月一次的考问、考试，各有关单位参加人员必须达到100%，考试成绩要求全部合格。

5. 东荣二矿员工教育培训委员会每月25日将组织职教、宣传、安全等有关部门，对全矿月份安全教育与培训工作特别是必知必会推进情况进行考评，按100分制考评扣分，实行月考核、季评比。考核结果进入各有关单位当月计件工资中，每季度根据月评比情况，分组排出名次并对单位及党政一把手进行奖罚，每组奖头罚尾，奖罚对等（考核细则另行下发）。分组如下：

第一组：采煤系统；

第二组：掘进系统；

第三组：生产辅助系统；

第四组：地面系统。

事故隐患排查与整改制度

一、目的

动员全矿员工参与隐患的排查治理，及时消除事故隐患，确保实现安全生产。

二、职责

根据矿安全管理要求，建立“四位一体”的隐患排查治理体系。

1. 建立以总工程师为首的隐患排查体系。即：总工程师→分管副总→业务部室技术负责人→区队技术员→班组长→岗位工。总工程师是隐患排查及措施制定的总负责人，分管副总、业务部室技术负责人、区队技术员、班组长、岗位工负责各级隐患排查。

2. 建立以安监处长为首的隐患排查治理监督检查体系。即：安监处长→主任工程师→安监处监察室→安监员→安质员→群监员。安监处长负责隐患排查治理的总监察，主任工程师、安监处监察室、安监员、安质员、质群监员负责各级隐患排查治理的监督检查。

3. 建立以党委副书记、工会主席为首的隐患排查治理宣传教育网络。即：党委副书记、工会主席→各区队党支部书记→车间主任→群监员→青岗员，党委副书记、工会主席是隐患排查治理宣传教育的总负责人，各区队党支部书记、车间主任、群监员、青岗员负责隐患排查治理的宣传教育、舆论监督工作。

4. 建立以分线矿长为首的隐患排查体系，即：专业矿长→业务科室分管负责人→区队长→专业区队副区队长，专业矿长是隐患排查及落实的总负责人。

三、隐患分级排查治理原则

1. 矿井安全隐患按其严重程度、解决难易分为 A 级、B 级、C 级、D 级动态隐患。A级：危害程度严重或者治理难度大，须由集团公司协助矿解决的隐患；B级：危害比较严重、有一定的工程量或需要一定的投入，须由矿协助专业解决的隐患；C级：对矿井安全生产有一定影响，由专业人员协助区队必须解决的隐患；D级：动态隐患，即现场施工过程中产生的隐患。

2. 总工程师、分管副总重点排查A、B级隐患；由专业部室、区队技术员重点排查C级隐患；现场岗位工、班组长重点排查D级动态隐患。隐患排查负责人要与有关分管领导、部门协商确定隐患项目、级别、计划完成时间、分管领导、责任科室、落实单位及责任人。

3. A、B级隐患由矿长、分管矿长负责治理；C级隐患由单位负责人负责治理；D级动态隐患由现场岗位工、班组长负责治理。

4. 按照谁排查谁验收的原则，A级隐患由总工程师负责验收；B级隐患由专业副总负责验收；C级隐患由专业科室、区队技术员负责验收；D级动态隐患由班组长和施工人员负责验收；安监处负责各级隐患的监督复查。

5. 隐患到期后，各专业领导要及时组织验收，对重新验收不合格的要做出相应的处罚。

6. 矿每月定期由总工程师组织各专业副总、生产科室负责人对下月矿井的重大事故隐患（A、B级）进行排查，同时对本月的隐患排查治理验收情况进行总结，并对各专业的排查治理情况进行追究。会后第二天，各专业根据总工程师组织重大隐患排查会议精神，将专业本月隐患完成情况、下月隐患（包括本月未整改未发生顺延到下月和新排查的下月隐患）分别填写《专业重大隐患排查处理汇总表》，并由专业副总负责报安全副总，矿安全办公会审查形成纪要。

7. 矿长每周组织召开安全办公会，听取专业分管领导的隐患排查治理情况汇报和安全副总对各专业隐患排查治理复查考核情况汇报。

8. 各级管理人员和安监员下井排查的隐患必须在安全动态卡上填上完成时间，由信息员提供给安监处值班人员，安监处值班人员核实后每天在矿早安全调度会上通报上一天的隐患排查情况和到期没完成的隐患。

9. 矿业务科室副科级以上管理人员下井时排查的隐患填写在“安全隐患采集卡”上，注明完成日期及单位。

10. 安监员将排查的隐患电话汇报给安监处信息站值班人员，并做好记录（信息员签字）。

四、隐患排查工作的考核

1. 安监处信息员将前一天的隐患汇总后，打印 1 份，交安监处值班人员在早安全调度会上通报。

2. 安监处安排各室主任和安监员进行复验，验收后在“隐患记录”上注明验收日期及完成情况并签字后报信息站完成隐患闭合整改流程。

3. 安监处将两次早安全调度会之间到期没完成的隐患汇总在“隐患挂牌牌板”上，在生产会上通报到期没完成和延期后还没有完成的情况。

4. 矿副科级以上管理人员不填写“安全信息采集卡”不注明隐患完成时间和落实单位的，罚责任人 20 元并扣除当天入井工数，计入诚信档案后扣 1 分。

5. 验收人验收不认真的、谎报整改复查结果的，对责任人罚款 50 元，并计入诚信档案扣 5 分。

6. 建立管理人员对安监员的隐患排查、整改责任追究制度及诚信制度。副总以上管理人员发现安监员排查隐患不全、隐患不督促整改的，每项对安监员罚款 20 元。

7. 建立各级管理人员诚信制度，个人月份考核低于 90 分时取消各种奖励，低于 70 分时建议调离本岗位。

五、重大安全隐患排查治理责任追究

1. 重大安全隐患是指：①有可能造成人身伤亡事故。②有可能造成瓦斯煤尘爆炸、火灾、突水淹井、淹工作面等重大安全事故。③有可能造成重大财产损失。④有可能造成矿井停产。

2. 因管理、措施不到位而导致现场出现上述重大安全隐患以及不按时整改的，必须对责任者予以追究，分别对有关责任者按责任大小给予警告、记过处分，并给予 500~1000 元罚款。

3. 对矿区和矿井重点工程，大型设备的安装工程实行质量项目负责制。凡矿区的大型工程、矿井重点工程、机电运输设备安装工程、防治水工程和一通三防工程，在设计服务期间内出现严重质量问题，危及安全的，都要追究有关人员的设计、施工、验收责任，施工负责人、技术负责人、验收负责人视情节及危害程度分别给予 500~1000 元的经济处罚。

4. 对存在的重大安全隐患，超出其管辖或者职责范围的，要立即向矿调度报告；情况紧急时要立即停产并同时报告，由矿协助解决处理。

5. 对重点工程的设计、审批、验收安全生产事项，必须依据规定和程序审批或验收，对弄虚作假者，视情节轻重给予降职、免职、撤职直至开除公职处分，并给予500~1000元的经济处罚。

6.全矿范围内任何人及单位均有权向矿调度报告重大安全隐患和各级领导、部门的安全失职、渎职行为。矿调度接到报告后，要立即组织查处，经查证属实后，对有关责任者作出行政责任追究，并依据隐患报告奖励规定对报告人给予相应奖励。

7. 以上考核由安全副总协助各分管领导、安监处长、总工程师进行。

安全监督检查制度

一、目的

规范安监行为，提高执“法”水平，提高辨识和防范危害的能力，保持安监队伍的纯洁性和活力，建立一支素质过硬、作风优良、纪律严明、令行禁止的安全监察队伍，使其更好地为矿井安全生产保驾护航。

二、方法步骤

实行一月一考评，半年一淘汰的办法。步骤如下：

(1) 学习考试。

学习考试内容：①煤矿三大规程、《矿山安全法》、《煤矿安全监察条例》、《煤炭法》、《安全生产法》以及上级一系列有关安全工作的指令、指示、规定和精神。②技术管理规定、荣二发［2008］1号文件和所检查工作面的规程、措施等。③岗位责任制等规章制度、有关安全知识和安全技能。

通过学习考试提高安监员的安全业务素质，树立起“安全第一，生产第二”、“安全重于泰山”的安全意识和理念。具体由副总工程师、监察副处长和综合副处长负责出题考试。

（2）自我评价。

对照标准找差距，从思想深处找出自身存在的缺点和不足。一是要看自己是否热爱本职工作；二是要看自己是否胜任安全监察工作；三是要看自己是否能履行安全监察职能。具体由综合副处长负责。

（3）民主互评。

本着实事求是，对他人和自己高度负责的精神，分别进行内部互评，对安监员统一打分，评议成绩取平均分（去掉一个最高分及一个最低分）。具体由副总工程师、副处长及督察组负责。

（4）评议内容。

①政治思想：积极拥护党和国家的方针政策，支持企业的改革与发展，党员积极参加组织生活，热爱安全监察工作，主动工作。

②现场安全管理：分管范围是否发生轻伤或事故；是否被停止作业过；隐患排查和落实是否得力，查出的重大隐患和信息是否被采纳；安全评估是否正常等。

③业务素质：熟知安全法律法规；专业知识丰富，掌握的安全知识和技能，能否正确指导安全生产，及时防范和处理危险因素。

④遵章守纪：完成各项指标；按时参加班前会和业务学习，升入井执行挂摘牌制度，班中汇报执行正常，下井携带齐全检测工具，是否有违规现象等。

⑤廉洁自律：是否有吃、喝、卡、拿、要等现象，是否被举报，是否出现过有损安监员形象的行为和事情，能否文明执法等。

三、总评

安监处根据评议情况和每个人平时的表现进行总评。

最后评比：按评比的分数为最后考评结果。

根据结果，每半年淘汰最后 2 名安监员，淘汰人员待岗、培训。

四、整顿效果

经过治理整顿后，所有安监员应具备下列素质：

1. 安全意识强。生命是人类社会永恒的主题，生命对于每个人只有一次。

因此，逐步提高“关爱生命，关注安全”的认识，逐步实现由“要我安全”向“我要安全，我会安全，我保安全”的转变，真正做到“安全重于泰山”。

2. 业务素质高。掌握安全知识是正确行动和防范危险的前提。为此，一定要熟知有关的安全法律法规知识；掌握有关的安全生产知识；同时还要懂得公共安全方面的知识，如什么是危险场所、什么是危险源等。

3. 遵守有关安全的规章制度和操作规程。规章制度和操作规程是国家安全生产法律法规的具体化，是前人经验和事故教训的总结，是我们的工作准则和行动指南。因此，要认真学习，严格遵守，杜绝违章指挥和违章作业，克服习惯性的违章行为，牢固树立规程就是“法”的理念，努力避免和减少事故的发生。

4. 掌握安全技能。正确和熟练的操作技能是确保安全生产和提高工作效率的重要保障。因此，不仅要熟练掌握本岗位安全操作技能，以确保自身岗位和有关设备的安全，还要掌握基本的公共安全技能，如事故后的报警、遇险后的应急办法等。

安全技术审批制度

一、安全技术编制内容

1. 编制格式。

各类工程（机电）设计方案、作业规程、安全措施、零星工程任务书的编制格式由各专业根据上级矿的有关规定制定。

2. 编制依据。

各类安全技术编制的依据为：《煤矿安全规程》、《煤矿安全技术操作规程》、上级有关技术规定、各专业有关规定等。

二、安全技术编审程序

1. 规程、措施的编制程序。

施工单位的技术副区长、技术员，及时与有关业务单位联系，索取必要的技术数据、基础资料、有关技术规定和具体要求。在索取相关资料的基础上，必须到施工现场进行勘察，全面了解现场情况。根据技术资料，结合现场勘察情况，施工单位的负责人要组织有关人员认真讨论具体的施工方案，将细节问题讨论清楚，技术负责人编制内容全面，符合安全规程和有关规定的规程措施，并力争把规程措施编制全面、详细，有针对性、指导性、可操作性。

2. 规程措施的编制时间。

规程要在工程开工的前三天编制完成，报业务部门进行审核；专业副总组织有关部室专业管理人员按照规定程序进行会审。安全措施的编制时间一般不超过两天，报业务单位进行审核，并在规定的时间内按照审核意见修改完毕；批准人审批签字后，施工单位负责人组织实施。

3. 规程措施审核程序。

施工单位按规定的时间编制完成后，报业务部门进行审核。各业务部门收到施工单位报送的、已编制好的规程措施后，要立即安排有相应职别的工程技术人员进行审核，签署审核意见；编制人按照审核意见进行修改，审核人员核实无误，报批准人批准后执行。需会审的规程，业务部门及时与分管专业副总联系，组织会审，并将会审意见写清楚，编制人进行修改，审核人员核实无误后，报批准人批准后执行。

4. 设计变更管理程序。

在施工过程中，必须严格按照预先做好的施工设计实施，当需要作以下变更时，必须经总工程师审查签字后实施：巷道断面扩大或缩小时；采煤工作面、掘进巷道的支护形式、支护参数发生变化时；煤层倾角与设计依据不同，需要调整巷道的用途，其各类参数需要作相应调整时；当采煤工作面、掘进巷道遇特殊情况时。

三、编制、审核、审批人员的职责、权限和义务

1. 批准人是安全技术审批管理的第一责任者，对各类工程设计、安全规程、

技术措施、零星工程任务书的审批负总责，并对安监处审批人员、部门审批人员、区队编制人员的编制审批情况进行考核和把关审查。

2. 安监处审批人员对规程、措施、零工任务书的审批负安全管理把关的责任，并对部门审核人员和措施编制人员的审批和编制情况进行监督检查。

3. 业务科室工程技术人员是对规程措施任务书把关审核的直接责任者，必须依据有关技术要求和规定对措施规程的编制进行全面认真的审核，并对规程措施的编制情况进行全面的考核。

4. 各施工单位技术副区长（技术负责人）是本单位措施规程编制的第一责任者，负责本单位作业规程、安全技术措施、任务书的编制、传达和贯彻实施，对各施工班组的执行情况进行全面的考核和把关。

规程、措施审批结束后，要按时把完整的规程措施送相关科室备案。

矿用设备器材使用管理制度

一、目的

抓好矿用设备、器材的使用管理，确保其运行可靠，保护有效，保证在用设备、器材符合《设备管理规程》、《煤矿安全规程》、《机电设备检修标准》、《机电设备运转环境标准》的标准，符合集团公司安全技术管理规定的要求，特制定矿用设备器材使用管理制度。

二、职责

1. 各职能部门负责矿用设备、器材安装方案的确定，负责使用过程中的监督检查，督促安全设备、器材正常使用。

2. 各使用单位负责安全设备、器材的安装和使用管理，负责日常维护、维修、试验，确保其可靠有效。

三、使用管理

1. 安装。

（1）安全设备、器材的安装要严格按照方案施工，确保安装质量达到标准要求。

（2）安装完毕后，要由职能部门组织验收，合格后投入使用。

2. 安全设备、器材使用维护管理定期检测。

（1）综保、信号照明综保每日检查一次，每班做一次跳闸试验。检漏继电器每日检查一次，每日做一次跳闸试验，由取得上岗证的采掘机电维修工或电工进行试验。

（2）胶带输送机随机保护，低速防滑、煤位、防跑偏、超温洒水、烟雾报警、输送带张力下降和防撕裂等保护装置必须由取得上岗证的皮带机司机检查、维护、试验。按集团公司安全技术管理规定进行中期检查和试验。旋转部位的防护栅栏完整有效。

（3）高压电器的绝缘及绝缘用具绝缘良好，每年由电气试验工进行试验。

（4）各类接地装置安设符合国家标准，每季一次进行接地电阻的遥测。

（5）避雷装置必须按规程规定装设齐全，并编号、登记、建档。每年雨季前由技术监督局进行安全检测和试验。

（6）采掘设备的各种保护及保护设施，必须每班由取得上岗证的电钳工检查一次，按集团公司安全技术规定进行周期检查、试验。

（7）提升绞车的各种保护由取得上岗证的绞车司机及机电维修工按集团公司安全技术规定周期进行检查、试验。

（8）提升的悬挂装置、防撞梁、托罐装置必须按《煤矿安全规程》进行周期检查。

四、设备大修、更新改造

1. 机电科根据生产接续情况及设备状态及时安排设备大修与更新改造计划，以保证设备性能及运行质量。

2. 自行大修的设备，严把质量关，对主要部件实行必要的检测，重点修复的部位及更换的主要部件要做好记录，以备验收时作为重点内容验收。

3. 外委大修设备，机电科要对承修单位的维修进行监督，以保证修理质量。

4. 大修后的设备，由机电科、机电厂及承修单位严格验收，进行必要的检测并试运行。设备投运后，机电科组织有关单位对使用情况进行跟踪，发现问题及时联系处理。

5. 设备更新改造由使用单位提出改造方案报机电科，由机电副总组织有关技术人员进行技术、经济论证，机电副矿长批准后实施。

6. 各类设备不得任意改变其技术性能和结构特点，确需要改变的，必须经分管副总或机电矿长批准，大型设备技术改造必须报集团公司机电处批准。

五、设备的报废

设备报废每年进行一次。由机电科根据设备状况及设备使用年限，编制报废申请表与财务科一并审核，经矿领导批准后，报集团公司审批实施。

矿井主要灾害预防制度

一、总工程师负责每年 12 月底制定下一年的灾害预防计划及事故应急救援制度，不按时完成罚款 100 元。

二、由各专业副总对矿井灾害预防处理计划及重大事故应急救援预案把关。各部室在 12 月 10 日前制定完毕本专业内的矿井灾害预防处理计划及重大事故应急救援预案报通风科。各主管科科长具体负责，安排专业进行汇总、编制，确保保质保量完成。资料编制不合格的，罚分管副总、主管科室科长各 50 元。编制不合格重新返工的罚分管副总、主管科室科长各 20 元。

三、由地测科负责矿井概况、矿井水害灾害预防处理计划和矿井水害事故应急救援预案、矿井地质井筒特征表、井上下对照图绘制。由通风科绘制完成后的矿井通风系统图、矿井防尘系统图、矿井避灾路线图用计算机打印。

四、由生产科、通风科负责矿井开采情况、矿井主要灾害、冲击地压灾害预防处理计划和事故应急救援预案、顶板灾害预防处理计划和事故应急救援预案部分。

五、由通风科负责瓦斯灾害、煤尘灾害、煤层气化、局部通风机有计划、无计划停电停风灾害、矿井通风系统图、矿井防尘系统图、矿井避灾路线图绘制及全部资料汇总。

六、由机电科负责提升运输、停电停风灾害预防处理计划和事故应急救援预案。矿井排水系统图、矿井供电系统图绘制。

七、由矿调度负责矿井灾害及事故汇报制度中矿内事故汇报程序、向集团公司汇报程序、矿井事故紧急救援领导小组、小组人员电话部分及矿井通信系统图绘制。

事故应急救援制度

依据《中华人民共和国安全生产法》、《中华人民共和国矿山安全法》、《煤矿安全规程》、《煤矿救护规程》的规定，为保障矿山企业及群众生命财产安全，建立完善矿山救护应急救援预案，强化急救责任制，建立激励约束机制，加强应急训练和演练，确保情况紧急时人员、物资措施得以保证。事故发生时，矿山救护队能够按计划、有组织、迅速控制事故的发展并尽可能排除事故，保证抢救人员和现场人员的安全，将事故对人员、财产环境造成的损失减少到最低程度。

一、应急救援范围

本预案适用于双鸭山矿业集团公司东荣二矿。

二、应急救援组织机构

东荣二矿紧急救援组织机构名单

总 指 挥：孙久政　张首勋

副总指挥：于　超　张庆平　李　春　莫永杰　张志辉　孙　浩

组　　员：苍宝纯　李孝胜　李景涛　周学良　赵崇敬　各科室及基层单位党政一把手

三、事故的应急救援

(1) 一旦有事故发生，首先通知救护大队，救护大队领导确定是否启动《预案》。需启动《预案》的，由救护大队调度室打电话或书面速传救护大队领导及成员单位和各救护队，各成员单位按救护大队应急救护领导小组的要求和各自职责展开现场救援救护。

(2) 救护大队成立现场抢险指挥部。由救护大队长或委托主管救护副队长为现场总指挥，负责制定实施抢险救灾方案和安全技术措施，全权负责现场抢险救灾工作。

四、现场医疗救护紧急措施

主要利用保健站和当地医疗单位队伍进行紧急救护。必要时，由矿山救援领导小组紧急调集其他区域的医疗救护队伍和医疗器械参与救护。

入井人员管理制度

一、入井人员必须携带射频卡，到达施工地点后，由班组长或安全负责人及时清点人数，有特殊情况时汇报安信中心进行核对，由值班人员做好记录，以备检查。

二、所有升井人员都要经过射频卡检验处，射频卡在大屏幕上显示升井人员信息后，方可更衣洗澡。各单位要在规定的地点召开收工会，及时清点人数，如发现有未升井人员时，要及时查明原因，并汇报调度室和安监处，安监处对未升井人员的经过时间和原因查清后，登记造册存档备查。

三、入井人员必须佩戴安全帽，随身携带矿灯和自救器，严禁携带烟草和点火物品，严禁穿化纤衣服，入井前严禁喝酒，休息不好、精神恍惚、上班安全没有保障的禁止入井。

四、业务科室管理人员下井必须在信息站登记，然后由信息员将业务科室入井情况做好记录。

五、严禁人员升入井不带射频卡或不通过射频卡检验，特殊情况安监处信息员做好记录，并汇报安监处值班人员。

六、严禁人员乘坐主井升入井，检修等原因确需乘坐主井的应制定切实可行的措施，由安监处等相关科室批准后方可实施。

七、严禁打卡后再升井从事其他工作，特殊情况必须由矿领导同意，并在信息站登记。

八、保卫科负责维持乘罐秩序，清点乘罐人数。

九、在同一层罐笼内严禁人员和物料混合提升。

十、未经矿领导批准，各科室、单位自行联系外来人员入井，调度室不予受理，私自入井者，后果自负。

安全举报制度

为了加强煤矿安全生产监督管理，鼓励员工举报煤矿重大安全生产隐患和行为，及时发现和排除隐患，制止严重违法行为，有效防范生产安全事故，确保我矿安全生产，特制定本制度。

1. 受理部门。

安监处负责受理举报煤矿安全生产重大隐患和严重违法行为工作。

举报电话：略。

2. 受理责任。

安监处负责受理举报重大隐患和违法行为的立项、监察、奖励和整改督办工作。

3. 受理程序。

安监处接到举报，由受理人做好登记填写报告送主管领导，根据领导批示处理，对举报重大隐患内容进行检查，提出处理意见报主管领导审批，定期并指定专人督办隐患整改，跟踪问效。

举报人举报的煤矿重大安全隐患和严重违法行为一经查实，立即履行奖励手续，通知举报人领奖标准和方式。

4. 受理范围。

（1）超强度、超定员组织生产。

（2）瓦斯超限作业。

（3）无压缩监测系统或系统运行不正常。

（4）煤与瓦斯突出未按规划落实防范措施。

（5）通风系统不完善、不可靠，未按要求整改的。

（6）有严重水患未采取有效措施的。

（7）超层越界开采的。

（8）自燃发火严重防治措施不落实的，或有冲击低压危险未采取有效措施的。

（9）对井下严重尘源未采取有效消尘措施，造成区域性严重积尘的。

（10）不按规定使用煤矿安全标志的设备和材料的。

（11）采区供电没有双回路的。

（12）采掘生产超出安全设计范围和规模的。

（13）证件不全的。

（14）采掘工作面以包代管、责任不明确的。

（15）被停工作面，未按指令停产整顿继续生产的。

（16）严重违章、违法指挥的。

（17）严重违章作业的。

（18）各类违章、违法行为。

5. 奖励标准。

凡举报内容一经核实每条奖励20~1000元。奖金从安全罚款中列支，并对举报人给予保密，以免对举报人打击报复。

6. 举报的重大隐患和行为，已被上级及有关部门通报，该单位已做出整改规划不超时限的不予奖励。

7. 受理举报事项原则上自受理之日起30日内办理完结，情况复杂的可根据实际延长检查处理时限。

8. 检查处理和奖励举报时需与上级有关部门沟通，避免重复检查、重复奖励。

安全监管分离管理办法

为了进一步推动安全监管分离体制的改革步伐，完善安全监管分离工作的管理机制，扩大监管分离的成果，经研究制定本办法。

一、体制

1. 安全监管分离。安全管理归生产。安全监督归安全。矿长、党委书记是安全第一责任人，对全矿安全工作负总责。总工程师是安全工作的技术管理第一责任人，协助矿长、党委书记管理全矿安全工作。分管矿长是本系统安全第一责任人，对矿长、书记负全责。

2. 安全监察处对采、掘专业实行安监员派驻制，采煤跟小班，掘进的瓦斯重点面、有重大危险源的作业地点实行小班跟班制，其他工作地点实行区域分片安全监察。采煤、掘进、机运、通风、监察室各负其责，对本专业的安全工作负有监督检查和执法处理责任。

3. 安检处信息站负责对全矿的安全隐患信息，进行搜集、筛选、发布、录入和监督跟踪，以达到闭合整改的目的。

4. 安监处负责发现隐患，监督隐患整改，对各区队、矿机关有关科室进行安全责任量化考核。

二、机制

1. 实行安全风险共担、利益共享，在全矿执行的安全风险抵押金和员工年金制，就是为了提高全矿干部、员工的安全风险意识，将安全责任落实到每个人。安全风险抵押与全矿的安全效果挂钩。安全效果好，全矿干部员工的收入就高；反之，收入降低。

2. 安全工作的好坏是衡量企业生产发展水平的一个主要标志，而一个企业的发展水平直接影响到员工的收入水准，因此，全矿干部的安全奖励标准就是安全效果标准，全矿安全效果就是干部安全奖励考核标准。

三、现场管理

1. 采掘小班必须配备值班段长、班长。值班段长按干部管理，实行矿长聘用制。

2. 队长是本单位的安全第一责任者，对本系统领导和煤矿负责，严格执行安全生产岗位责任制，带领本单位副职及值班段长抓好本单位的安全工作，安全工作是所有工作中的第一要务，在抓好安全的同时组织好生产。

3. 班中安全质量评估。每小班接班后和交班前的两小时，必须对现场进行两次检查评估，按评估单位的内容做好记录，实行现场评估、现场打分，按实际分数核算工资。小班现场评估单，必须同时由值班段长、安监员和瓦检员共同签字有效，升井后交到队里，由队长审核并在评估单上签字后，统一送安监处审核，安监处审核后交工资科统一核算工资。安监处没有审批的评估单，工资科不得核算工资，否则一经发现将对相关人员给予处罚。

4. 隐患“三违”处罚。按东荣二矿隐患、“三违”罚款标准，由安监员开具罚款单，责任人三日内到安监处财务室交纳现金。

四、安监人员管理

1. 安监处归矿长领导，安监员实行竞聘上岗。

2. 安监处的工资与生产脱钩，由矿按月按人头拨付。随安全效果实行滚动递增。本办法参照东荣二矿安全监管分离工资管理规定执行。

3. 安全隐患信息处理。隐患信息的收集、筛选、处理由安全信息站负责。安全信息站要将各级领导干部升井后交回的隐患收集卡片进行整理。安全质量评估单经信息站审核后将其中一联交工资科，另一联存档。生产区队干部、矿机关干部和矿领导发现的隐患，一并由信息站进行分类整理，填写隐患整改通知单，送达隐患整改者本人，返回联必须由隐患整改人签字。需要上早安全调度会通报的隐患，由信息站汇总提报。

4. 组织安监员岗位技能培训，实行末尾淘汰制。

五、岗位责任落实

工人按岗位制定安全职责、操作规范、违章罚款标准和危险源辨识。区队领导、矿机关科室人员和矿领导按岗位制定安全职责。区队领导、矿机关科室人员由安监处负责考核，矿领导由公司考核（各工种安全岗位责任制见东荣二矿安全岗位责任制汇编）。

安全逐级管理检查规定

一、安全逐级管理原则

1. 矿长是矿井安全管理的第一责任者。
2. 专业分管领导是专业安全管理的第一责任者。
3. 专业分管副总协助专业领导做好专业安全管理工作。
4. 主要负责人是本单位安全生产管理的第一责任者。

二、安全监督逐级管理原则

1. 安监处处长是矿井安全生产监督检查的第一责任者，对集团公司及矿井各项管理规定落实负责监督检查工作，管理对象是安全副总、安监处副处长。

2. 安监处副处长是分管区域的安全生产监督监察第一责任者，管理的对象是安监处监察室主任、督察室主任，协助安监处处长、安全副总做好安全监督监察工作。

3. 各专业线分管领导每旬组织相关生产科室、安监处进行定期安全大检查，对查出的隐患安监处按限定时间进行复查验收，验收不符合规定的责令停产并给予相应处罚。

三、专业安全检查制度

1. 每旬由分管领导组织有关科室专业人员进行本系统安全质量大检查，对检查存在的问题，现场能整改的立即整改，不能整改的下达整改通知书限期整改，并上报安全监察处，以便监督整改。

2. 安监人员有权进入任何场所进行安全检查，发现较大安全隐患及工程质量低劣时，有权停止作业，并及时督促现场工作人员进行整改。当发生重大险情、危及人身安全时，有权组织撤出人员。区队管理人员和施工人员与安监人员因安全问题有意见分歧或发生争执时，首先服从安监员的决定。

安全事故责任追究办法

一、目的

为贯彻落实《国务院关于特大安全事故行政责任追究的规定》和国家安全生产监督管理总局、国家煤矿安全监察局等七部委联合下发的《关于加强国有重点煤矿安全基础管理的指导意见》，强化矿各级领导和业务部门安全生产责任，促进安全生产工作，特制定本办法。

二、事故责任追究原则和联责界定

（一）事故追究原则

事故追究必须遵循事故追查不清不放过、员工不受到教育不放过、责任者不受到处罚不放过、防范措施不落实不放过的原则。

1. 首先追究责任主体，即责任个人、班组、区队及专业；联责追究监管人员、分管科室。

2. 发生事故必须经过认真调查分析，确定出事故的性质、类别，分别从施工管理、技术管理、安全监督检查、辅助服务环节等方面对事故责任者进行追究。

3. 凡直接因违章指挥、违章作业、管理失误、技术失误、监督失误等导致发生的事故，追究其直接责任；参与管理的有关专业管理人员联责追究其管理和领导责任，安全监督检查人员联责追究其安全监督管理责任；追究有关人员的管理责任，属采购、供应、加工制作、验收等环节问题的联责追究其相关责任。

4. 直接因违章指挥造成事故的，违章指挥者为第一直接责任人；因违章作业造成事故的违章作业者为第一责任人。

5. 在现场直接参与违章指挥造成事故的管理人员，均按直接责任人追究处理。

6. 在现场直接参与违章作业造成事故的，协作工种为直接监护人或一方为指定监护人未履行职责造成事故的，岗位工种脱岗或维修工种检查、维修、试验不符合规定造成事故的，追究其直接责任。

7. 作业规程、措施与现场条件严重不符，缺乏可操作性，不能指导安全生产所造成的事故，追究技术人员和审批人员的直接责任。

8. 设计支护参数选择缺乏依据，设备、设施选型违反技术规定导致的事故，追究直接技术责任。

（二）主要管理责任追究与联责管理责任追究的界定（追究各专业分线领导责任）

1. 机关管理人员进入检查现场后，24 小时内所检查的现场出现事故，负有连带责任。

2. 采掘区队发生顶板事故时，追究分管矿长、副总、业务科室分管人员、事故单位负责人的主要管理责任；发生机电、运输、通风、水害事故时，追究分管矿长、副总、业务科室分管人员，同时联责追究业务分管领导、采掘专业副总、科室分管人员责任。

3. 生产单位发生机电事故，追究分管矿长、副总、机电科长及分管业务科室人员、事故单位负责人的主要管理责任；发生非机电事故按事故类别追究分管矿长、副总、业务科室分管人员责任；联责专业分管领导、追究机电副总、科室分管人员责任。

4. 发生运输事故，追究分管矿长、副总、机电科长、分管业务科室人员及事故单位负责人的主要管理责任。

5. 发生“一通三防”事故，追究总工程师、通风副总、通风科科长、主管副科长、职能科室分管人员及事故单位负责人的主要管理责任。

6. 跨专业单位（生产准备区队、巷修区队）发生的事故，经分析属单方责任的追究处理责任方，属双方责任的追究处理双方。

（三）发生各类事故，在给予经济处罚的同时，按事故的性质和责任大小，对当事人给予行政处分。行政处分按照行政责任的大小分为七个等级：警告、记过、记大过、降级、撤职、留用察看、开除

三、事故追究规定

1. 井下采、掘发生1人次重伤事故：

（1）事故的主要责任者及值班段长罚款200元；安质员罚款100元；事故班组当月工资取消。

（2）区队党政正职、专业及当班区队长各罚款200元。

（3）职能科室负技术责任时，负责人罚款200元、分管负责人罚款200元。

（4）分管副总工程师负技术责任时，负责人罚款100元、安全副总罚款50元。

（5）分管领导罚款200元、安全矿长罚款100元。

2. 井下辅助区队发生1人次重伤事故：

（1）事故的主要责任者及当班值班段长各罚款200元；事故班组每人罚款20元。

（2）区队党政正职、分管安全副区队长、分管副职、现场值带班人员各罚款200元。

（3）职能科室负技术责任时，负责人罚款200元、分管负责人罚款200元。

（4）分管副总工程师负技术责任时，负责人罚款200元，安全副总罚款50元。

（5）分管领导罚款300元、安全矿长罚款100元。

3. 地面单位发生重伤事故：

（1）事故的主要责任者及当班值班段长各罚款500元；事故班组每人罚款200元。

（2）区队党政正职、分管安全副区队长、分管副职、现场值带班人员各罚款500元。

（3）职能科室负技术责任时，负责人罚款 100 元、分管负责人罚款 100 元。

（4）分管副总工程师负技术责任时，罚款 300 元。

（5）分管领导罚款 600 元。

4. 发生伤亡事故，对有关责任者给予以下处罚：

（1）发生伤亡事故：

①事故的直接责任者罚款 2000 元。

②事故责任者、值班段长各罚款 1000 元。

③责任区队党政正职、分管副职和现场值带班人员各罚款 2000 元。

④对责任单位扣除当月工资总额的 60%，即安全工资 30%，质量工资30%，另计件部分扣除 20%。

⑤职能科室负责人罚款 500 元，分管负责人罚款 800 元。

⑥分管副总工程师负技术责任时，负责人罚款 1000 元、安全副总罚款 500 元。

⑦分管领导罚款 2000 元、安全矿长 1000 元。

（2）发生三级以上重大幸免事故，按重伤事故处理办法对有关责任者追究处罚。

5. 区队发生工伤及幸免事故，必须立即向矿汇报，不得隐瞒不报、谎报或拖延不报。出现事故隐瞒不报的，单位正职、责任者罚款各 2000 元。

6. 实行安全事故责任一票否决制度，对因事故责任受到撤职处分的人员三年内不得任用，区队也不得内部使用。因事故受到免职处分的个人一年内不得提职，受到其他处分的半年内不得提职。对发生伤亡事故的区队以及发生重伤或三级以上幸免事故（采掘段队超过 3 人次）的区队取消全年各类先进集体和先进个人评比资格。

本规定与上级规定相抵触时，以上级规定为准。

关于现场作业停止生产的规定

一、目的

及时消除现场重大隐患，保证现场的安全。

1. 全矿各级管理人员和安监人员均有权依据《煤矿安全规程》规定和矿停止作业项目内容，对施工地点实施检查和停止作业。

2. 现场停止作业后，应立即向调度室、安监处和区队值班人员汇报停止作业的原因及时间，并做好记录，由现场安监员、班组长和现场带班人员落实整改。整改完毕后，安监人员向调度室、安监处和区队值班人员汇报闭合时间，并摘牌恢复生产。

3. 因重大安全隐患或技术性强牵涉范围广的隐患，必须由调度值班人员立即通知专业分管领导，由专业领导组织有关人员研究方案现场监督处理，安监员现场交接班，并做好记录。

4. 停止作业跨班次的，必须现场交接班，并做好记录。

5. 在生产系统和辅助单位施工的临时地点无专职安监员的，停止作业人向调度室、安监处和区队值班人员汇报停止作业的时间、原因，由现场安全负责人负责落实整改，整改完毕后，向调度室、安监处和区队值班人员汇报整改完成情况、闭合时间，由巡查路线的安监员进行验收复查。

二、矿停止作业责任追究

1. 因材料供应不到位而停止作业的，经分析对材料供应责任单位负责人联责罚款 50 元。

2. 因规程措施等技术原因停止作业的，由分管副总工程师组织分析追究有关技术人员责任，对责任人罚款 100 元。

3. 被矿管理人员停止作业的，罚区队正职各 100 元，分管副职或带班副职、当班班组长、现场安监员各 50 元（安监员决定停止作业的，安监员不受处罚）。

4. 矿副总以上领导停止作业，联责责任单位党政正职，各罚款 50 元，现场带班副职或分管副职、当班班组长、现场安监员各罚款 100 元。

5. 停止作业不符合规定的，对责任人罚款 50 元。

三、矿停止作业项目

1. 干打眼的（煤粉监测眼除外）。

2. 装炮时不按规定使用炮泥和水炮泥的。

3. 采掘工作面各巷道不按规程要求定期冲刷防尘（现场尘超规定）和放炮

前后不洒水灭尘的。

4. 采煤机、综掘机内外喷雾、综采移架喷雾灭尘效果达不到要求的。
5. 放炮不认真执行“一炮三检”、“三人连锁”制度的。
6. 一次装药分次放炮的。
7. 采掘工作面隔爆设施不符合规定的。
8. 采掘工作面风量不足或空气温度超过规定的。
9. 采掘工作面瓦斯超限作业、瓦斯管理不符合规定的。
10. 通风系统不完善、不可靠的。
11. 掘进（巷修）迎头无计划停风或停风不及时撤人的。
12. 同一工作区域内同一时间多工种多工序平行交叉作业的。
13. 采煤工作面老塘悬顶超过规定而未按规程要求采取有效处理措施的。
14. 回采工作面上下出口不畅通的。
15. 采掘工作面支护不可靠的。
16. 皮带机综合保护装置不安装或不灵敏可靠的。
17. 无规程措施或临时任务规程措施审批不及时的。
18. 乘人设施不按规定安装、试验、检查和检修的。
19. 提升钢丝绳断丝超限或提升联接件不符合规定的。
20. 在用小绞车、电瓶车、柴油机车、电机车闸信号不合格的。
21. 有突水危险的工作面或采区，疏排水系统不完善的。
22. 不执行有疑必探、先探后掘的。
23. 工作面货多超断面 1/3 以上的。
24. 超能力、超强度或者超定员组织生产的。
25. 作业区域电气失爆的。

薄弱环节、重点部位管理制度

一、目的

薄弱环节和重点部位是矿井生产中最易发生事故，也是安全管理最薄弱的方面，往往被生产管理者和施工人员忽视。为了加强对这些环节的管理和监督，把握住重点，摸出规律，特制定本制度。

二、薄弱环节界定范围

薄弱环节包括：薄弱班次、薄弱时间、薄弱地点、薄弱人员。

1. 薄弱班次：四点班、零点班。

2. 薄弱时间：交接班时间、每班后半班、周末、旬末、月末、节假日。

3. 薄弱地点：工作面初采初放、回撤安装、巷道拉门子、预透、断层带、三岔口、瓦斯异常管理区、冲击地压地点、老塘探放水、上下山挪移扒斗机、新开工地点、无计划临时安排的施工以及其他特殊施工地点。

4. 薄弱环节：新设备的投入使用、新工艺、新技术的推广和新系统的安装调试等。

5. 薄弱人员：习惯性“三违”的人员，心存侥幸、工作马虎的人员，技术不熟、缺乏经验的人员，家庭有变故的人员。

三、重点监察

根据制定的措施，对界定的地点重点巡查，配备工作能力强的班组长和技术业务素质高的工人施工，安监处三班安排安监人员要重点督察，督察组重点巡查。(各部门、各分管领导分别检查薄弱环节，各单位对薄弱人员、薄弱班次等要及时掌握、重点监控，并把这类薄弱人员的违章情况及时处理和在安全周报上曝光)

四、监督管理

1. 安监处负责对薄弱环节和重点监察地点管理的督察。

2. 区队每周安全办公会议上不对薄弱环节和重点部位进行分类通报，内容不形成纪要的，对区队长、书记各罚款 50 元。

安全办公会上由生产科、机电科、通风科把本周计划查找的薄弱地点和薄弱环节上报安监处，安监处重点对薄弱时间、薄弱班次进行检查。

临时施工地点作业管理规定

一、临时施工规程、措施的规定

临时施工必须实行“一工程一地点一规程一措施”制度，所有临时施工地点必须由施工单位负责人和技术员察看现场后，提前一天编制出临时施工规程、措施，经专业副总审批和专业技术部门人员、安监处签字后方可生效。施工单位由值班人员或施工安全负责人传达到所有施工人员，并签字，在施工前必须及时送交安监处和相关科室。安监处没接到批复完的规程、措施，不允许开工作业。

二、临时施工登记的规定

施工安全负责人必须到安监处将施工地点、时间、人数等登记在《临时施工动态监控簿》上。

三、临时停工、恢复生产的规定

对间隔时间超过 7 天后又继续施工的，技术员必须重新贯彻《作业规程和措施》并签字，否则，对技术员按较严重违章处罚；参加施工人员不签字按一般违章处罚。

四、规程、措施的送达和登记

施工前规程、措施不及时送交到安监处、调度室登记的罚施工负责人 20 元；施工后不把规程、措施交回安监处等相关科室的罚施工负责人 20 元。

员工不安全行为管理考核办法

一、不安全行为划分范围

违章作业，违章指挥，违犯劳动纪律，即“三违”。

1. 各专业副总是各专业“三违”条款制定的第一责任者，总工程师负责牵头组织。

2. 制定“三违”条款的依据：《煤矿安全规程》、《技术操作规程》、《矿 1 号安全指令》、《停止作业管理规定》、《技术管理规定》和现场实际情况以及上级一系列指示指令。

3. 新设备、新技术、新工艺安装投入使用前，由专业人员根据操作规程在一周内完成 “三违” 条款的制定。

二、“三违”的界定

1. 违章指挥：违背上级各种安全管理规定以及矿安全管理制度，安排员工在不具备安全生产的条件下施工。

2. 违章作业：违章操作和违章施工。

3. 违反劳动纪律：如班前、班中喝酒，休息不好，精神恍惚，不学习、不熟悉本岗位的安全知识及安全技能。

4. 检查现场时发现有违章行为，首先对其进行批评教育，然后辅以相应处罚。

5. 检查人员在制止违章罚款单上写明日期、班次、时间、违章内容，并注明职务。

6. 罚款单据在 24 小时内送达责任者单位主管领导或本人，违章者三日内(有特殊情况经单位一把手出具证明可延期交纳，但最长不得迟交七天)，到安监处财务室交款，逾期不交的给予加倍处罚。

三、违章处罚

1. 检查人员到井口信息站按规定将“三违”人员登记在“三违”记录簿上。

2. 违章者对违章行为罚款不服时，可以申诉，由单位安全生产副区队长带领到一级仲裁机构（安监处）登记，也可直接到二级仲裁机构（工会）登记进入仲裁程序，按通知时间参加仲裁。建立违章人员信息档案包括个人信息和照片等；成立违章人员亮相领导小组，并把违章人员在井口曝光台亮相，教育员工遵章守纪。

3. 安监处副主任工程师组织典型严重“三违”人员、安监员分析确立违章事实后，登记，收回下井卡，到安监处培训。

4. “双亮”即由所在区队班子成员带领被帮教人到井口喊话，由工会负责将“三违”者的照片及违章事实在宣传橱窗内亮相。

四、不安全行为积分

1. 采掘员工：发生一般违章一次，积 1 分；较严重违章一次，积 2 分；典型严违（办班）一次积 5 分。安监员不负责任一般一次，积 1 分；较严一次，积 2 分；严重一次积 5 分。

2. 辅助员工：发生一般违章一次，积 2 分；较严重违章一次，积 3 分；典型严重违章一次积 5 分。

3. 安监处及时把个人“三违”积分填写到个人信息档案内，满 5 分者由安监处收回入井资格证书，到培训中心重新培训，考试合格后方可上岗。

五、对违章罚款实行返还制度

返还办法：本人本月不违章，制止并抓获他人违章 1 人次，矿将返还一次相应违章的处罚款项。

六、管理人员制止违章

各级管理人员制止的“三违”不符合“三违”规定，或制止违章不填写罚款记录单的，指标作废，按违章指挥对制止违章者的处罚额度进行处罚。

安全信息化运行管理办法

一、目的

规范安全信息管理，充分发挥安全信息站的职能作用，保证信息筛选、传递、追究及时、准确，实现安全信息网络化管理，为矿井的安全生产服务。

二、职责

1. 安全信息站主任负责安全信息站的日常管理，保证信息筛选、传递、追究及时准确，月底做好保存归档工作。

2. 安全信息员负责隐患及信息的筛选、上报、下达隐患卡及督促整改、处罚工作；对“三违”各项联责罚款开具罚款单。

三、控制要求

1. 安全信息闭合管理。

安全信息运行闭合管理是矿井安全隐患管理的关键。其运行质量如何直接影响着矿井安全隐患管理水平的高低，决定着能否真正使安全隐患从发现到整改落到实处，从而有效堵塞安全管理的漏洞。为进一步规范和完善我矿的安全信息运行闭合管理系统，提高我矿安全管理水平，保证我矿安全生产长治久安，根据上级有关规定，结合我矿实际，特制定安全信息运行闭合管理制度。

2. 运行程序。

安全信息运行必须遵循以下程序，即检查→填卡→筛选处理和上传（包括上传到基层单位）→整改反馈→复查→上传整改结果。

3. 具体要求。

各级安全生产管理人员到现场后，要对现场的安全隐患进行全面的检查。

对发现的“三违”要立即制止并按有关规定处罚。查出对现场施工人员直接构成威胁的安全隐患，能现场处理的，必须立即采取措施组织现场人员处理解决，不能现场处理而又不能保证现场施工安全的，必须立即责令其停止作业。特殊危急情况对现场人员及时组织撤离，并在所有能通往危险地点的通道设好警戒，同时汇报矿调度室和安全信息站，由调度员及时汇报矿分管领导采取措施组织处理。信息站汇报到安监处相关人员，相关人员深入现场进行监察，在隐患没有得到解决之前，不得进行作业。不能现场解决的，暂时又不会对现场人员造成危害的，要提出整改意见并做好准确记录，由现场负责人签字，升井后按要求到矿安全信息站填写隐患卡，限期解决。对现场检查不认真，该查处的隐患没查处，该制止的“三违”不制止，一经发现，将给予50元的罚款。若其检查的路线24小时内发生事故，经分析认定检查人员有责任的，按事故责任追究办法对责任人给予严肃处理。

4. 填卡。

矿领导及各生产科室安全生产管理人员进行安全检查时，必须到安全信息站领取信息卡，升井后把填写的信息卡交到安全信息站，否则按不入井处理。填写时要详细填写检查人的单位、姓名、班次、时间、详细经过路线、所查隐患的单位、地点或工程名称、隐患的具体内容、整改意见、是否整改、接受整改指令人姓名等。要求一人一卡，填卡要符合有关质量标准要求。对填卡不认真，经信息员筛选不合格的填卡人将给予每卡10元罚款并通报批评。

5. 筛选处理和通知。

安全信息站信息员对安全信息卡要认真筛选处理：检查鉴定信息卡是否合格并做好标记，对填写不认真、字迹潦草、内容不清的不合格卡进行处罚并通知其本人。对筛选出的安全隐患要做好上传和打印并附原始卡，于当班将隐患上传到责任单位值班人员。对确需矿领导平衡处理的，另行填写安监人员意见书（重大隐患整改通知书），报矿分管领导，由矿领导在意见书上签署意见后，将意见书下达到有关责任单位整改。筛选出的不危及现场安全的问题，用电话通知有关单位的人员加强注意和整改，并记录通知人、接收人及时间。对信息员筛卡不认真，漏筛或筛选运行程序不当的，每次给予50元罚款处罚，大的问题从严加倍处罚直至调离原岗位。

6. 整改和反馈。

责任单位值班人员接到隐患整改通知后，要根据整改意见、整改时间采取措施，安排人员负责处理。对重大隐患，要立即交单位负责人根据整改意见、整改时间，制定专门措施，安排专人负责直至处理完毕。整改完毕后，整改单位要及时将整改情况上传，反馈到信息站，并有整改负责人的阅览和签字（按流程要求处理），写清整改完成时间。信息站主任协调安监处相关部室安排人员进行复查，并签字（按流程要求处理）完成流程。对不能在限期内整改完的，应由分管矿领导签字认可，方可延期整改，但应采取其他措施，确保安全（需安监人员填写书面隐患整改通知单）。对不按要求整改、签字、上传反馈的单位或责任人，将给予100元罚款。

四、统计、挂牌通报、处罚

1. 每天由信息员进行统计，形成统计报表。由安监处值班人员在矿早安全调度会上通报各单位隐患整改情况；对未按要求整改的责任单位负责人和责任人给予通报批评和隐患挂牌并按有关规定给予相应处罚。

2. 各类隐患问题检查表落实整改管理：各级安全管理人员对所检查工作地点必须从严从细，认真检查安全隐患问题；各职能部门，尤其对分管本专业内的安全隐患排查清楚，不得走马观花。严格执行现场检查24小时负责制度和责任追究制度。各级检查人员升井后认真填写隐患问题卡，必须写清楚所检查单位、地点、隐患问题、处理意见、整改时间、检查人员姓名等，且言简意赅，字迹工整，对上述问题写不清楚的一律作废，并罚款30元。各级检查人员所填的隐患卡，由信息站信息员上传，由整改单位按流程整改并上传反馈到安全管理系统。信息员要对各隐患卡上的隐患问题及时进行认真细致的筛选、分类，并按公司规定将隐患卡上的内容，分类进行上传并做好流程处理。安监处每天对所查隐患问题，必须及时让三班安监员安排，让跟班安监员做好问题记录到现场逐条进行跟踪监督检查，并严格按隐患问题限期时间督促整改，班中、班后及时向安监处反馈落实、整改情况。升井后填好落实情况信息记录，本人签字。因专业性隐患问题较强，安监员又不能监督检查的隐患问题，信息员必须及时向信息站主任汇报，由信息站主任向有关职能科室下达书面通知，由各职能科室负责进行现场跟踪监督检查隐患问题落实整改情况，并对隐患问题的落实整改情况及时汇报信息站。对未按限期整改的单位责任人和负责人给予罚款100元的处罚，并由信息站再次通知安监处相关人员，职能科室负责跟踪隐患问题落实直至整改完毕。信息员、隐患整改单位、安监员，各职能科室弄虚作假、隐患问题未整改而虚报整改完毕的，对直接责任者罚款200元。安监处对隐患单位、各职能科室加强问题落实情况监督检查，对发现违反规定的单位部门直接责任者给予罚款100元的处罚，并强制限期落实，进一步监督、监察直至解决，达到闭合整改。信息员要动态掌握隐患问题处理情况，对每班未整改的上报安监处相关处室，由安监处督办。特殊情况对不直接影响安全的，核实工程量较大或牵扯有关部门不好协调的隐患问题，由信息站主任向安监处处长和分管矿长汇报。

3. 隐患排查自查自纠管理（填写书面和电子板周检记录）：采掘、辅助单位、生产科室要认真排查本单位管辖区域及分管专业所存在的各类隐患，并做好记录，在安全网络上传给有关单位进行处理。单位自查安全隐患地点要明确、具体，内容要简明、准确，要明确排查时间、班次、整改时间、整改完成时间、整改人、复查人、隐患整改率，否则每项罚单位负责人50元，对安监处和其他科室查出的隐患而自查时没有发现或隐瞒不报（上传）的给予加倍处罚。隐患整改落实情况由安监处进行督察，没有按期整改的，对单位负责人罚款100元。自查的安全隐患内容必须真实，不得弄虚作假，否则每发现一处，对单位负责人罚款100元。对单位自身无法处理，需分管矿领导协调解决的隐患，必须及时上报分管矿领导及安监处，并详细注明原因，请求协调解决，否则由此带来的问题由单位自己负责承担。

4. 对当班不能整改的隐患，在早安全调度会上通报，并制定整改措施、整改负责人和完成期限，由当班信息员在二楼会议室给予挂牌，安监处负责对隐患进行跟踪整改督办，直至隐患整改完毕，方可申请摘牌。对不能按期完成的，对其停产整顿，对责任人给予处罚。

五、信息化管理安全软件运行管理办法

1. 为提高我矿信息化、数字化管理水平，形成全方位、全过程、多视角的安全隐患排查治理体系，提高管理人员对安全质量标准化的认识，确保安全生产长周期运作，达到安全生产长治久安的目的，特制定本办法。

2. 工作标准。集团公司安全质量管理工作已纳入安全管理系统软件中，并参与全公司质量标准化月份考核评比，为此公司对各单位分工作出了明确规定，各单位必须严格按照要求做好工作流程。

3. 考核办法。安全监察处负责对所有信息上传单位的执行情况进行监督，对查出的问题由单位负责人和责任者共同承担责任，由安监处开罚款票据，以

现金形式交安监处财务室（逾期不交，按规定实行倍数罚款从工资中扣除），处罚标准如下：

（1）生产科室（工会）每小项每次上传不及时或不合格，罚款100元。相关科室的临时性工作，每小项上传不及时或不合格罚款100元。

（2）生产段队每小项每次上传不及时或不合格罚款50元，不上传罚款100元，上交的内业管理材料，上交不合格、不及时每小项每次罚款100元，不上交罚款200元，由责任人（技术队长）承担50%，队长书记各承担25%。随时检查随时处罚，以现金形式交安监处财务室，逾期不交按规定实行倍数罚款，月末从工资中扣除。

4. 其他。各单位技术员以信息员身份登录上传文件，技术（区）队长以安全责任人身份登录，（区）队长以责任人身份登录，责任人、安全责任人要每天登录检查文件上传情况并定时查阅公共信息和上级文件，做出相应处理。

参考文献

［1］闫豪. 新形势下中小煤矿企业的困难与机遇［J］. 中国商界，2008（4）

［2］彭彦强. 煤炭安全生产规制失灵与协同规则构建探析［J］. 山东科技大学学报（社科版），2008（6）

［3］王万兵. 浅谈创建本质安全型煤矿的途径［J］. 煤炭工程，2008（6）

［4］秦庆雪. 煤炭企业安全教育工作的问题及对策［J］. 科技信息，2008（22）

［5］谢金朝. 煤炭企业的知识管理［J］. 中国煤炭，2008（3）

［6］郑鹏升，孙永波. 煤炭企业安全生产现状研究［J］. 商业经济，2007（3）

［7］王桂乡. 如何正视煤炭企业的未来发展［J］. 科学之友，2008（7）

［8］刘焱华. 煤炭安全发展应强化的六种意识［J］. 安全生产与监督，2008（3）

［9］石丽明. 现代煤炭企业管理［M］. 中国矿业大学出版社，2007（6）

［10］邓黎. 论我国煤炭行业的发展趋势［J］. 中州煤炭，2002（5）

［11］李冬. 以科学的发展观统领煤炭企业的各项工作［J］. 煤炭经济研究，2008（1）

［12］余兆峰. 从贺西煤矿技改工程谈基建投资优化［J］. 山西建筑，2003（6）

［13］马泰山. 适应战略性调整探索煤炭发展新路［J］. 中国煤炭工业，2008（4）

［14］夏俊卿. 预防重大煤矿事故　实现煤矿安全生产［J］. 山西煤炭管理干部学院学报，2007（3）

［15］何刚，张国枢. 国外煤矿安全生产管理经验对我国的启示［J］. 中国煤炭，2006（7）

［16］董维武编译. 美国联邦矿山安全健康监察局 26 年的成功经验［J］. 中

国煤炭，2005（6）

[17] 邵祥理. 我国煤炭企业安全管理的现状及对策 [J]. 煤炭工程，2006（3）

[18] 王军，汪达慧. 论提高煤矿安全生产管理水平的方法和途径 [J]. 中国煤炭，2006（2）

[19] 李学来. 我国安全生产科技支撑体系建设初探 [J]. 中国煤炭，2005（6）

[20] 张兴荣，李世嘉. 安全科学原理 [M]. 北京：中国劳动社会保障出版社，2004

[21] 高等学校安全工程学科教学指导委员会，中国职业安全健康协会编. 安全工程师任职资格培训教材 [M]. 北京：中国石化出版社，2005

[22] 罗云，程五一. 现代安全管理 [M]. 北京：化学工业出版社，2004

[23] 杨世金. 浅谈本质安全型矿井的建设 [J]. 安全生产与监督，2011（6）

[24] 陈宝智，吴敏. 本质安全的理念与实践 [J]. 中国安全生产科学技术，2008（3）

[25] 许正权，宋学锋，吴志刚. 本质安全管理理论基础：本质安全的诠释 [J]. 煤矿安全，2007（9）

[26] 韩斌君. 我国煤矿安全事故致因研究 [D]. 同济大学硕士论文，2007（3）

[27] 王香春. 本质安全的内涵与外延 [J]. 煤矿安全，2007（10）

[28] 杨茂松. 冶金矿山矿井安全现状模糊综合评价研究 [D]. 中南大学硕士论文，2008（6）

[29] 吴宗之，任彦斌，牛和平等. 基于本质安全理论的安全管理体系研究 [J]. 中国安全科学学报，2007（7）

[30] 郝勇. 事故致因理论及其在水上交通安全管理中的应用 [D]. 武汉理工大学硕士论文，2003（5）

[31] 王钦方. 企业本质安全化模型研究 [J]. 中国安全科学学报，2005（12）

[32] 许正权，宋学锋，李敏莉. 本质安全化管理思想及实证研究框架 [J]. 中国安全科学学报，2006，1（12）

[33] 张胜强. 我国煤矿事故致因理论及预防对策研究 [D]. 浙江大学硕士论文，2004（10）

[34] 余国华. 矿山安全生产监管对策研究 [D]. 浙江大学硕士论文，2006（5）

[35] 李瑞敬，王东江. 实现本质安全管理是煤矿安全生产的必由之路 [J]. 煤矿安全，2005（10）

[36] 吴志刚. 本质安全是煤矿企业的必然选择——试论煤炭企业本质安全的内涵及创建途径 [J]. 煤炭企业管理，2002（3）

[37] 张璇. 典型生产事故调查分析及事故能量机理初探 [D]. 西安建筑科技大学硕士论文，2008（6）

[38] 国君汉，张胜利. 构建本质安全型企业探讨 [J]. 中国安全生产科学技术，2007（4）

[39] 裴宏斌. 基于安全阈限分析的炼化企业安全管理策略 [D]. 天津大学博士论文，2006（11）

[40] 卢岚编著. 安全工程 [M]. 天津: 天津大学出版社，2003

[41] 张友亭，杜兵，刘忠宽. 浅议本质安全化在煤矿安全生产中的应用 [J]. 煤矿安全，1998（6）

[42] 赵朝义. 人—机—环境系统的本质安全化研究：矿井本质型安全系统的构建 [D]. 上海：同济大学博士后论文，2002

[43] 倪文耀. 对构建以本质安全为主体的煤矿安全文化体系的探讨——兼论徐州矿务集团创建本质安全型企业的实践 [J]. 中国安全科学学报，2003（9）

[44] 中国矿业大学本质安全课题组. 煤矿本质安全管理系统研究报告 [R]. 2007

[45] 李新春，宋学锋. 煤矿本质安全管理体系研究 [J]. 中国矿业大学学报（社会科学版），2008（6）

[46] 刘远明. 乌石化自备电厂安全策略研究 [D]. 华东理工大学硕士论文，2011（5）

[47] 陈维民. 煤矿安全风险管理研究 [M]. 徐州: 中国矿业大学出版社，2007

[48] 任彦斌，陈文涛. 煤矿本质安全风险管理理论研究 [J]. 中国矿业，2008（4）

[49] 刘海滨，李光荣，黄辉. 煤矿本质安全特征及管理方法研究 [J]. 中国安全科学学报，2007（4）

[49] 陈维民，徐莲. 安全风险预控管理 [M]. 徐州: 中国矿业大学出版社，2006

[51] 陈维民. 以风险预控为基础的煤矿本质安全化管理 [J]. 中国安全科学学报，2007 (7)

[52] 王占飞. 建设本质安全型矿井的研究与实践 [J]. 陕西煤炭，2006 (1)

[53] 王建政. 构建本质安全化矿井刍议 [J]. 中国矿业大学学报（社会科学版），2007 (2)

[54] 王晓宁，伍永平. 创建本质安全型矿井的途径 [J]. 陕西煤炭，2008 (3)

[55] 刘国清. 对建设本质安全型矿井的思考 [J]. 煤炭企业管理，2006 (8)

[56] 苏志东. 煤矿安全文化建设及其业绩指标体系探讨 [J]. 煤矿安全，2005 (9)

[57] 李士锦. 本质安全——煤矿企业的必然选择 [J]. 能源技术与管理，2005 (3)

[58] 陈国华编. 安全管理信息系统 [M]. 北京: 国防工业出版社，2007

[59] 姜真，袁博，姜培生. 安全工程师基础教程——安全管理 [M]. 北京: 化学工业出版社，2004

[60] 田水承，景国勋主编. 安全管理学 [M]. 北京：机械工业出版社，2009

[61] 史红梅. 本质安全管理信息系统在神东矿区的开发与应用 [J]. 煤炭工程，2008 (6)

[62] 马海燕. 煤炭本质安全管理系统的主要功能 [J]. 中国煤炭，2006 (12)

[63] 魏国强，刘芳彬. 煤矿机电事故致因分析及预防策略研究 [J]. 科技信息，2008 (10)

[64] 刘黎. 榆林地区本质安全型煤矿评价指标体系的建立和实践 [D]. 西安科技大学硕士论文，2009 (4)

[65] 经管百科，智库百科. 安全信息—生产管理—EMBA 百科—EMBA 百科全书. http://wiki.chinaemb

[66] 张永健. 安全信息管理技术的研究与开发 [J]. 安全，1999 (4)

[67] 詹宏昌，陈国华. 安全管理信息系统发展探讨 [J]. 工业安全与环保，2003 (3)

[68] 刘磊. 企业铁路安全管理信息系统的探讨 [J]. 广西轻工业，2009 (9)

[69] 许晓斌，高洁. 安全生产决策信息管理系统的开发与应用 [J]. 内蒙古电力科技，2008 (6)

[70] 景国勋，杨玉中. 安全工程专业继续教育知识讲座. 安全检查学科的现状与发展 (四). 劳动保护，2012 (4)

[71] 周旭. 创建优秀煤矿安全文化的意义及几点建议 [J]. 科技信息，2007 (9)

[72] 郝东灵. 建塑安全文化营造良好氛围 [J]. 中国煤炭工业，2007 (1)

[73] 陈天龙. 关于创建本质安全型企业的思考 [J]. 煤矿安全，2004 (8)